电子 CAD

——Protel DXP 2004

（第2版）

总主编　聂广林
主　编　彭贞蓉　李宏伟
副主编　冉建平　朴静秀

重庆大学出版社

内容提要

Protel DXP 2004 是目前应用最广泛的电子 CAD 软件之一。本书全面系统地介绍了 Protel DXP 2004 的功能及其使用方法,使初学者在学完本教程后能用 Protel DXP 2004 绘图。

本书共 4 章,第 1 章:Protel DXP 2004 初步操作;第 2 章:原理图设计;第 3 章:印制电路板图的设计;第 4 章:仿真电路设计与仿真分析。本教程内容翔实,图文并茂,简洁明了,易学易用,以循序渐进的方式详细介绍用 Protel DXP 2004 设计原理图和设计 PCB 的每一个过程,将功能讲解与实例相结合,并指出在设计过程中初学者应注意的问题,使初学者在学习过程中能很快掌握 Protel DXP 2004 软件。

本书面向中等职业学校电类专业初中级用户,也可供社会电子爱好者自学。

图书在版编目(CIP)数据

电子 CAD:Protel DXP 2004/彭贞蓉,李宏伟主编.-- 2 版.--重庆:重庆大学出版社,2019.7 (2022.8 重印)

中等职业教育电类专业系列教材

ISBN 978-7-5624-5744-2

Ⅰ.①电… Ⅱ.①彭… ②李… Ⅲ.①印刷电路—计算机辅助设计—应用软件—中等专业学校—教材 Ⅳ.①TN410.2

中国版本图书馆 CIP 数据核字(2019)第 150733 号

电子 CAD——Protel DXP 2004
(第 2 版)

总主编 聂广林

主编 彭贞蓉 李宏伟

副主编 冉建平 朴静秀

策划编辑:彭 宁

责任编辑:文 鹏 姚正坤 版式设计:彭 宁

责任校对:任卓惠 责任印制:张 策

*

重庆大学出版社出版发行

出版人:饶帮华

社址:重庆市沙坪坝区大学城西路 21 号

邮编:401331

电话:(023) 88617190 88617185(中小学)

传真:(023) 88617186 88617166

网址:http://www.cqup.com.cn

邮箱:fxk@ cqup.com.cn(营销中心)

全国新华书店经销

中雅(重庆)彩色印刷有限公司印刷

*

开本:787mm×1092mm 1/16 印张:9.25 字数:231 千

2019 年 7 月第 2 版 2022 年 8 月第 11 次印刷

印数:16 501—18 500

ISBN 978-7-5624-5744-2 定价:29.00 元

随着国家对中等职业教育的高度重视，社会各界对职业教育的高度关注和认可，近年来，我国中等职业教育进入了历史上最快、最好的发展时期。具体表现为：一是办学规模迅速扩大（标志性的）。2008 年全国中职教育招生 800 余万人，在校生规模达 2 000 余万人，占高中阶段教育的比例约为 50%，普、职比例基本平衡。二是中职教育的战略地位得到确立。教育部明确提出两点："大力发展职业教育作为教育工作的战略重点，大力发展职业教育作为教育事业的突破口"。这是对职教战线同志们的极大的鼓舞和鞭策。三是中职教育的办学指导思想得到确立。"以就业为导向，以全面素质为基础，以职业能力为本位"的办学指导思想已在职教界形成共识。四是助学体系已初步建立。国家投入巨资支持职教事业的发展，这是前所未有的，为中职教育的快速发展注入了强大的活力，使全国中等职业教育事业欣欣向荣、蒸蒸日上。

在这样的大好形势下，中职教育教学改革也在不断深化，在教育部 2002 年制定的《中等职业学校专业目录》和 83 个重点建设专业以及与之配套出版的 1 000 多种国家规划教材的基础上，新一轮课程教材及教学改革的序幕已拉开。2008 年已对《中等职业学校专业目录》、文化基础课和主要大专业的专业基础课教学大纲进行了修订，且在全国各地征求意见（还未正式颁发），其他各项工作也正在有序推进。另一方面，在继承我国千千万万的职教人通过近 30 年的努力已初步形成的有中国特色的中职教育体系的前提下，虚心学习发达国家发展中职教育的经验已在职教界逐渐开展，德国的"双元"制和"行动导向"理论以及澳大利亚的"行业标准"理论已逐步渗透到我国中职教育的课程体系之中。在这样的大背景下，我们组织重庆市及周边省市部分长期从事中职教育教材研究及开发的专家、教学第一线中具有丰富教学及教材编写经验的教学骨干、学科带头人组成开发小组，编写这套既符合西部地区中职教育实际，又符合教育部新一轮中职教育课程教学改革精神；既坚持有中国特色的中职教育体系的优势，又与时俱进，极具鲜明时代特征的中等职业教育电类专业系列教材。

该套系列教材是我们从 2002 年开始陆续在重庆大学出版社出版的几本教材的基础上,采取"重编、改编、保留、新编"的八字原则,按照"基础平台 + 专门化方向"的要求,重新组织开发的,即

①基础平台课程《电工基础》《电子技术基础》由于使用时间较久,时代特征不够鲜明,加之内容偏深偏难,学生学习有困难,因此,对这两本教材进行重新编写。

②对《音响技术与设备》进行改编。

③对《电工技能与实训》《电子技能与实训》《电视机原理与电视分析》这三本教材,由于是近期才出版或新编的,具有较鲜明的职教特点和时代特色,因此对该三本教材进行保留。

④新编 14 本专门化方向的教材(见附表)。

对以上 20 本系列教材,各校可按照"基础平台+专门化方向"的要求,选取其中一个或几个专门化方向来构建本校的专业课程体系;也可根据本校的师资、设备和学生情况,在这 20 本教材中,采取搭积木的方式,任意选取几门课程来构建本校的专业课程体系。

本系列教材具备如下特点:

①编写过程中坚持"浅、用、新"的原则,充分考虑西部地区中职学生的实际和接受能力;充分考虑本专业理论性强、学习难度大、知识更新速度快的特点;充分考虑西部地区中职学校的办学条件,特别是实习设备较差的特点;一切从实际出发,考虑学习时间的有限性、学习能力的有限性、教学条件的有限性,使开发的新教材具有实用性,为学生终身学习打好基础。

②坚持"以就业为导向,以全面素质为基础,以职业能力为本位"的中职教育指导思想,克服顾此失彼的思想倾向,培养中职学生科学合理的能力结构,即"良好的职业道德、一定的职业技能、必要的文化基础",为学生的终身就业和较强的转岗能力打好基础。

③坚持"继承与创新"的原则。我国中职教育课程以传统的"学科体系"课程为主,它的优点是循序渐进、系统性强、逻辑严谨,强调理论指导实践,符合学生的认识规律;缺点是与生产、生活实际联系不太紧密,学生学习比较枯燥,影响学习积极性。而德国的中职教育课程以行动体系课程为主,它的优点是紧密联系生产生活实际,以职业岗位需求为导向,学以致用,强调在行业行动中补充、总结出必要的理论;缺点是脱离学科自身知识内在的组织性,知

识离散,缺乏系统性。我们认为:根据我国的国情,不能把"学科体系"和"行动体系"课程对立起来、相互排斥,而是一种各具特色、相互补充的关系。所谓继承,是根据专业及课程特点,对逻辑性、理论性强的课程,采用传统的"学科体系"模式编写,并且采用经过近 30 年实践我们认为是比较成功的"双轨制"方式;所谓创新,是对理论性要求不高而应用性和操作性强的专门化课程,采用行为导向、任务驱动的"行动体系"模式编写,并且采用"单轨制"方式。即采取"学科体系"与"行动体系"相结合,"双轨制"与"单轨制"并存的方式。我们认为这是一种务实的与时俱进的态度,也符合我国中职教育的实际。

④在内容的选取方面下了功夫,把岗位需要而中职学生又能学懂的重要内容选进教材,把理论偏深而职业岗位上没有用处(或用处不大)的内容删除,在一定程度上打破了学科结构和知识系统性的束缚。

⑤在内容呈现上,尽量用图形(漫画、情景图、实物图、原理图)和表格进行展现,配以简洁明了的文字注释,做到图文并茂、脉络清晰、语句流畅,增强教材的趣味性和启发性,使学生愿读、易懂。

⑥每一个知识点,充分挖掘了它的应用领域,做到理论联系实际,激发学生的学习兴趣和求知欲。

⑦教材内容做到了最大限度地与国家职业技能鉴定的要求相衔接。

⑧考虑教材使用的弹性。本套教材采用模块结构,由基础模块和选学模块构成,基础模块是各专门化方向必修的基础性教学内容和应达到的基本要求,选学模块是适应专门化方向学习需要和满足学生进修发展及继续学习的选修内容,在教材中打"※"的内容为选学模块。

该系列教材的开发是在国家新一轮课程改革的大框架下进行的,在较大范围内征求了同行们的意见,力争编写出一套适应发展的好教材,但毕竟我们能力有限,欢迎同行们在使用中提出宝贵意见。

总主编　聂广林

2010 年 6 月

附表：

中职电类专业系列教材

	方　向	课程名称	主　编	模　式
基础平台课程	公　用	电工技术基础与技能	聂广林　赵争召	学科体系、双轨
		电子技术基础与技能	赵争召	学科体系、双轨
		电工技能与实训	聂广林	学科体系、双轨
		电子技能与实训	聂广林	学科体系、双轨
		应用数学		
专门化方向课程	音视频专门化方向	音响技术与设备	聂广林	行动体系、单轨
		电视机原理与电路分析	赵争召	学科体系、双轨
		电视机安装与维修实训	戴天柱	学科体系、双轨
		单片机原理及应用		行动体系、单轨
	日用电器方向	电动电热器具(含单相电动机)	毛国勇	行动体系、单轨
		制冷技术基础与技能	辜小兵	行动体系、单轨
		单片机原理及应用		行动体系、单轨
	电气自动化方向	可编程控制原理与应用	刘　兵	行动体系、单轨
		传感器技术及应用	卜静秀　高锡林	行动体系、单轨
		电动机控制与变频技术	周　彬	行动体系、单轨
	楼宇智能化方向	可编程逻辑控制器及应用	刘　兵	行动体系、单轨
		电梯结构原理及安装维修	张　彪	行动体系、单轨
		监控系统		行动体系、单轨
	电子产品生产方向	电子CAD	彭贞蓉　李宏伟	行动体系、单轨
		电子产品装配与检验		行动体系、单轨
		电子产品市场营销		行动体系、单轨
		机械常识与钳工技能	胡　胜	行动体系、单轨

　　本课程是中等职业学校电子及相关专业的一门技术基础课。其任务是使学生掌握电路原理图的绘制、印刷电路板的设计与制作过程,能熟练进行常用电路印刷板的设计,为学习后续专业课程打下基础;同时在学习中,培养学生一丝不苟、尽心敬业的工作态度和工作作风及良好的职业意识,为今后从事电子行业相关工作并能得到较快发展而奠定基础。

　　本书作为中等职业学校教学用书,在教材的组织编写中将力求贯彻全国职教会确立的"以就业为导向,以能力为本位"的职业教育理念。本书在内容选择和体系结构上本着"两个结合",一是结合中等职业学校学生的实际,二是结合学生就业岗位实际,这样可以最大限度地保障教材内容的可读性和实用性,为中职学生在相关专业学习中提供有效的服务。

　　本书在内容组织上以绘制电路原理图到绘制PCB图为线索,创设Protel DXP 2004初步操作、原理图设计、印制电路板图的设计、电路仿真4章。每章由若干项目组成,每项目分成相关的任务,任务下设计若干学生活动。全书通过这种方式来展示本课程的知识和技能,使学生在通过教材学习知识和技能时能联系实际,使学生能真切地认识到当前所学的知识和技能在岗位上的意义和作用。避免了以往教材孤立的讲解知识和技能,学生学习完后不知学有何用,什么时候用,怎么用的教学与实践脱节的现象。我们通过对相关行业进行了长期深入的调查,从而确立教材中的知识和技能,使之能保障教材的实用性和时效性。教材能让学生在学习知识和技能的同时还能体会和学习到实际岗位的工作内容和能力,这一点对中职学生就业极具现实意义。

　　本书在编写上力求用语准确、简洁,图文并茂,恰当地使用表格来组织正文(主要是学生活动)的布局,使版面整洁,内容清楚,并设计有大量的学生活动来促使学生的学和教师的教必须坚持以"学生为中心"这一科学的课程教学思想。在教材中还根据需要设计有"贴心提示""聚沙成塔""眼界大开"等。通过这些灵活的板块设计一方面增添了教材版面的活泼性,另一方面便于教师根据学生和教学场地实际情况有效地开展教学。本教材由重庆市渝北进修校聂广林担任总主编,重庆市九龙坡职业教育中心彭贞蓉、李宏伟担任主编,重庆市三峡水利电力校冉建平和重庆科能技工学校朴静秀担任副主编。本书得到了重庆市教科所、市中心教研组和重庆大学出版社的大力支持和帮助,在此一并致以衷心的感谢!对书中存在的疏漏、不足及疑问之处,恳请广大读者、专家批评指正,以便再版时修改。联系方式:pengzr@163.com,lihongweek0@163.com

编　者

2018 年 6 月

第1章

Protel DXP 2004 初步操作

在第 1 章中我们将学习什么是 Protel DXP 2004，什么是电子 CAD，Protel DXP 2004 的安装及卸载，Protel DXP 2004 的启动和关闭以及 Protel DXP 2004 文件操作的相关知识。

本章安排了 Protel DXP 2004 初步操作这个项目。

项目　Protel DXP 2004 初步操作

[知识目标]
1. 理解 Protel DXP 2004 是什么。
2. 理解什么是电子 CAD。
3. 理解 Protel DXP 2004 的运行环境。
4. 掌握 Protel DXP 2004 设计环境的组成。
5. 了解 Protel DXP 2004 的各种文件。

[技能目标]
1. 会 Protel DXP 2004 的安装及卸载。
2. 会 Protel DXP 2004 的启动和关闭。
3. 会 Protel DXP 2004 文件的创建、保存、打开和关闭。

任务 1　Protel DXP 2004 的安装及卸载

一、工作任务

本任务完成 Protel DXP 2004 的安装及卸载。

二、知识准备

1. Protel DXP 2004 是什么

Protel DXP 2004 是一种电子 CAD 软件,用它可以绘制电路图、印制电路图和进行电路仿真等。

> - CAD(Computer Aided Design)就是计算机辅助设计。
> - 电子 CAD 软件就是电子行业中的计算机辅助设计软件。这样的软件有 EWB,
>   Protel DXP 2004,SPICE 等。本书只介绍 Protel DXP 2004。

2. Protel DXP 2004 的运行环境

现在流行的电脑都能满足 Protel DXP 2004 的运行。

但为了能够发挥最佳性能,推荐的软硬件基本配置环境如下:

①Windows XP 操作系统;

②Pentium PC,1.2 GHz 或更高的处理器;

③512 MB 内存;

④620 MB 硬盘空间；

⑤图形：1 280×1 024(像素)的屏幕分辨率、32 位色,32 MB 显存。

三、任务完成过程

我们先完成 Protel DXP 2004 的安装。

安装过程分为六步：

进入 Windows XP 操作系统,双击如图 1.1 所示的 Protel DXP 2004 英文原版安装软件中的 setup. exe 安装文件,会出现如图 1.2 所示的安装向导窗口。

第一步,在图 1.2 中单击"Next",进入图 1.3 所示的对话框。

图 1.1　setup. exe 安装文件图标

图 1.2　欢迎对话框

第二步,在图 1.3 中选择"I accept the license agreement",单击"Next",进入图 1.4 所示的对话框。

第三步,在图 1.4 中单击"Next",进入图 1.5 所示的对话框。

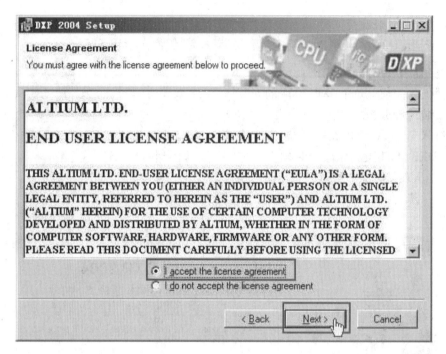

图 1.3　执照对话框

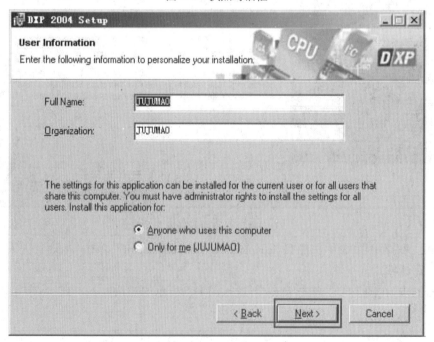

图 1.4　用户信息对话框

第四步,在图1.5中单击"Next",进入图1.6所示的对话框。

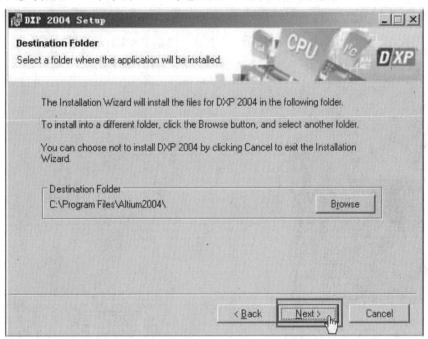

图 1.5　安装目录对话框

第五步,在图1.6中单击"Next",进入图1.7所示的对话框。

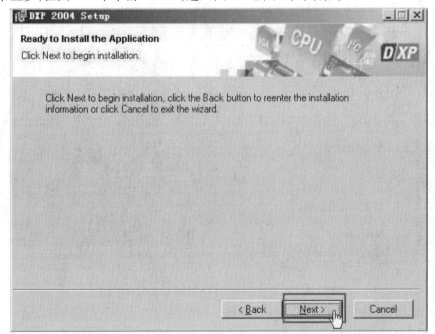

图 1.6　准备安装对话框

第六步,在图1.7中单击"Finsh",完成安装。

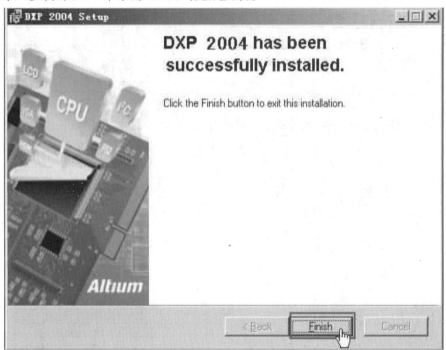

图1.7　安装完成对话框

安装完后,可以在这里看见启动 Protel DXP 2004 的图标,如图1.8所示。

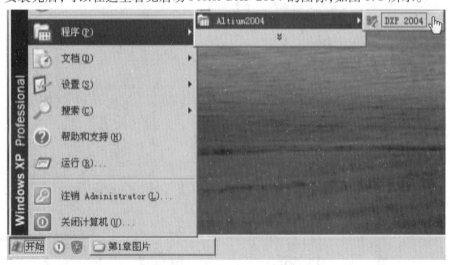

图1.8　安装好 Protel DXP 2004 后的启动图标

➡安装任务完成后我们再来完成卸载。

Protel DXP 2004 的卸载过程分为 4 步:

第一步,选择"开始"→"设置"→"控制面板",如图1.9所示。

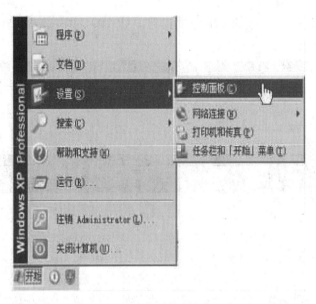

图 1.9 启动控制面板

第二步,在进入如图 1.10 所示的控制面板窗口中双击"添加或删除程序",进入如图 1.11 所示的对话框。

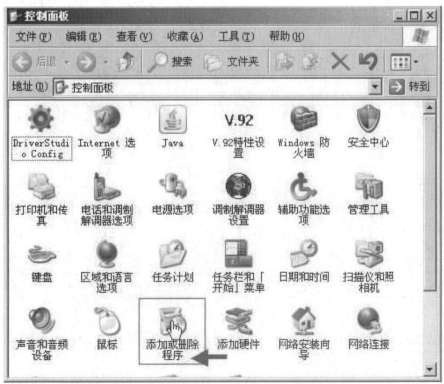

图 1.10 控制面板窗口

第三步,在图1.11所示的对话框中找到DXP 2004并单击"更改/删除",进入图
1.12所示的对话框。

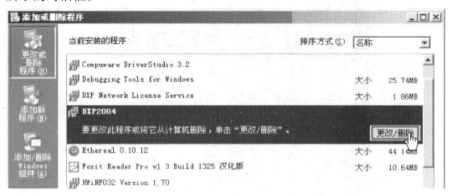

图1.11 添加或删除程序对话框

第四步,在图1.12所示的对话框中单击"Next"完成卸载。

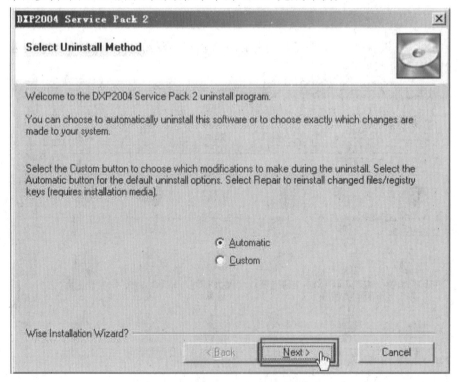

图1.12 卸装对话框

卸装完后,在如图1.13所示的窗口中就没有启动Protel DXP 2004的图标了。

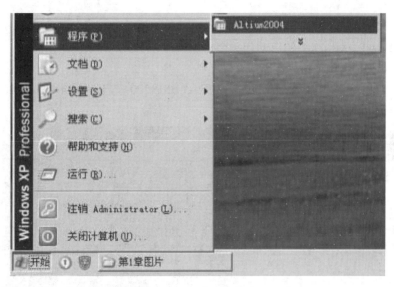

图 1.13　卸载后的情形

四、知识拓展

1. Protel DXP 2004 相关版本介绍

前面我们安装的是 Protel DXP 2004 英文原版,网上有 SP1 补丁、SP2 补丁、SP2 的集成库、网络服务器以及其他补丁,感兴趣的请到网上查询。Protel 99 SE 是 Protel DXP 2004 之前被广泛使用的一个版本,现在仍还有人在使用。

2. 本书的实验环境

本书使用的是 Protel DXP 2004 英文原版+ SP2 补丁,支持中文菜单。SP2 补丁在安装好英文原版之后安装,方法同英文原版的安装。

完成 Protel DXP 2004 的安装。

任务 2　完成 Protel DXP 2004 的基本操作

一、工作任务

本任务分两部分完成,第一部分完成 Protel DXP 2004 的启动和关闭,第二部分完成 Protel DXP 2004 文件的创建、保存、打开和关闭。

二、任务完成过程

（一）Protel DXP 2004 的启动和关闭

➡ Protel DXP 2004 的启动步骤：

单击"开始"→"程序"→"Altium2004"→"DXP 2004"启动 Protel DXP 2004 程序，如图 1.14 所示。

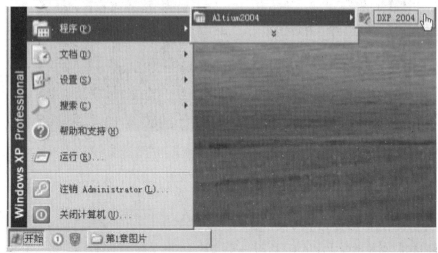

图 1.14　启动 DXP 2004

启动后程序的窗口如图 1.15 所示。

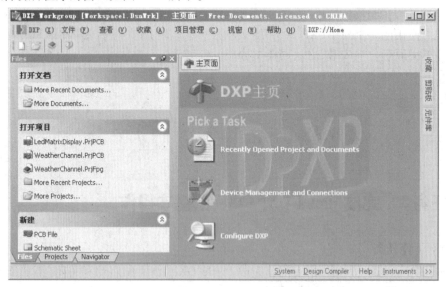

图 1.15　启动 DXP 2004 后的窗口

启动 Protel DXP 2004 SP2 后，如果是英文菜单，这时可以作如下操作：单击系统菜单栏上的"DXP"→"Preferences"，如图 1.16 所示。

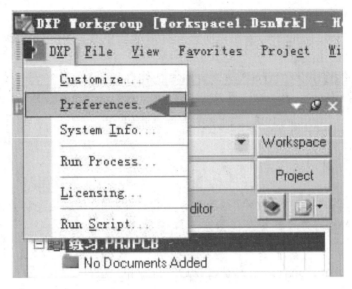

图 1.16

然后，单击"General"→"Localization"中的"Use Localized resources"，如图 1.17 所示。单击"OK"完成。关闭程序后，下一次打开就是中文菜单了。

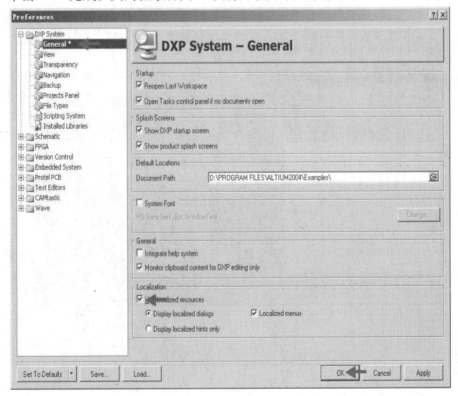

图 1.17

➡关闭 Protel DXP 2004 的步骤:

单击窗口右上角的"×"按钮(即手指所指示的位置),就可以关闭 Protel DXP 2004,如图 1.18 所示。

图 1.18 关闭程序按钮(手指所指示的位置)

 想一想

(1)如果把 DXP 2004 的快捷方式放到桌面上,这时该怎样启动?

(2)除了最常用的关闭方法外,你还能想到哪些方法?

(二)Protel DXP 2004 文件的创建、保存、打开和关闭

1.知识准备

(1)Protel DXP 2004 设计环境介绍

进入 Protel DXP 2004 后,可以看到它的各个组成部分,如图 1.19 所示。

①标题栏。标题栏和一般 Windows 窗口的标题栏一样,标题栏如图 1.19 所示。

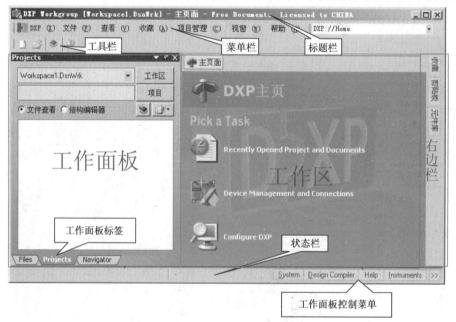

图 1.19 Protel DXP 2004 窗口组成

②菜单栏。菜单栏包括菜单拖动线、DXP 系统菜单、主菜单和导航工具条,如图 1.20 所示。

图 1.20　菜单栏的组成

③工具栏。工具栏的作用就是一个按钮执行一个命令。

④工作区、工作面板和右边栏。工作区位于紧靠工具栏下面的地方,如图 1.19 所示。在开始进入 Protel DXP 2004 时,工作区出现的是 DXP 主页(任务向导)。启动 SCH 编辑器、PCB 编辑器等编辑器后,就是相应的编辑器窗口。图 1.19 所示是 DXP 主页,如果启动了 SCH 编辑器,则工作区如图 1.21 所示。

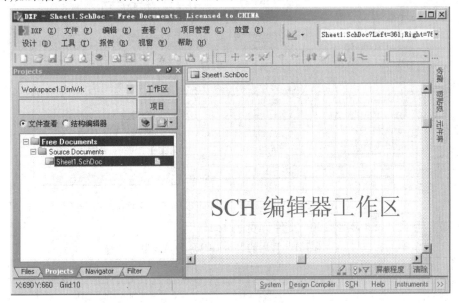

图 1.21　SCH 编辑器工作区

工作面板就是为操作提供向导的地方,是一个小窗口。工作面板组是由几个工作面板组成,可以通过工作面板标签进行切换,缺省情况下有 3 个工作面板:Files(文件)、Projects(项目)、Navigator(导航),如图 1.19 所示。工作面板可以停靠在工作区的上、下、左、右 4 边,还可以浮动在工作区中。右边栏是停靠的 3 个工作面板(收藏、剪贴板和元件库)的标签,如图 1.19 所示。关闭所有的工作面板会留给工作区更大的视图区域。

⑤状态栏。状态栏包括工作区的状态和工作面板控制菜单,如图 1.19 所示。

Protel DXP 2004 设计环境由哪些部分组成?

（2）Protel DXP 2004 文件介绍

①Protel DXP 2004 可以创建的文件如图 1.22 所示。用方框标记的是常用的 Protel DXP 2004 文件。

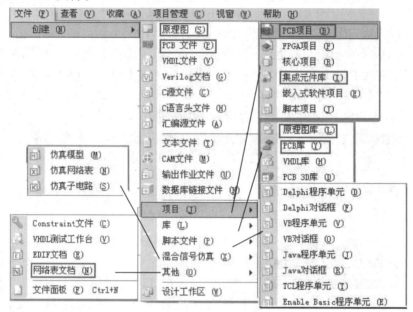

图 1.22　Protel DXP 2004 可以创建的文件

②常用的 Protel DXP 2004 文件详见表 1.1。

表 1.1　常用的 Protel DXP 2004 文件

文件类型	扩展名	默认文件名
原理图文件	.SchDoc	Sheet1.SchDoc
PCB 文件	.PcbDoc	PCB1.PcbDoc
PCB 项目文件	.PrjPCB	PCB_Project1.PrjPCB
集成元件库文件	.LibPkg	Integrated_Library1.LibPkg
原理图库文件	.SchLib	Schlib1.SchLib
PCB 库文件	.PcbLib	PcbLib1.PcbLib
网络表文件	.Net	Netlist1.Net

2. Protel DXP 2004 文件的创建、保存、关闭、打开的完成过程

以创建、保存、关闭、打开"练习"项目文件为例来完成操作任务。

➡ 创建 项目的步骤：单击菜单栏上的"文件"→"创建"→"项目"→"PCB 项目"，如图 1.23 所示。

完成后，"Projects"会在工作面板中出现，如图 1.24 所示。

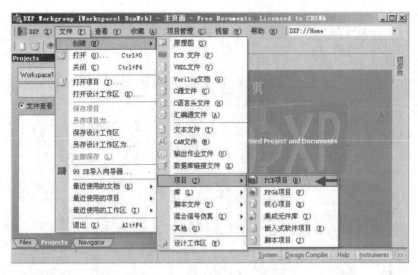

图 1.23　创建 PCB 项目

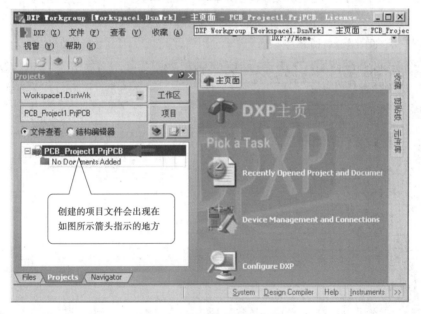

创建的项目文件会出现在
如图所示箭头指示的地方

图 1.24　创建好的项目文件

【贴心提示】

- 大家在创建 PCB 项目文件的过程注意到了菜单栏上的"文件"→"创建"→"原理图"和"PCB 文件"吗？以后新建"原理图"或"PCB 文件"时，它们的方法也和创建 PCB 项目文件的方法一样。

➡ 保存 项目的步骤：单击菜单栏上的"文件"→"保存项目"，如图 1.25 所示。
然后会弹出一个对话框窗口，先选好保存位置，输入保存的文件名，如"练习"，再

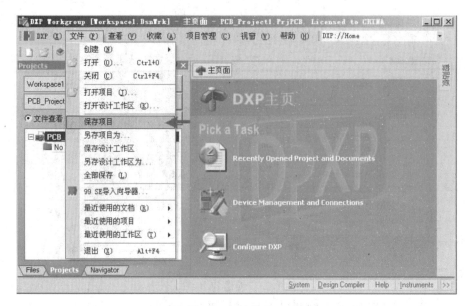

图 1.25　保存项目

单击"保存",如图 1.26 所示。

图 1.26　保存项目对话框

➡ 关闭 项目的步骤:单击菜单栏上的"文件"→"关闭",如图 1.27 所示。

➡ 打开 项目的步骤:单击菜单栏上的"文件"→"打开项目",如图 1.28 所示。

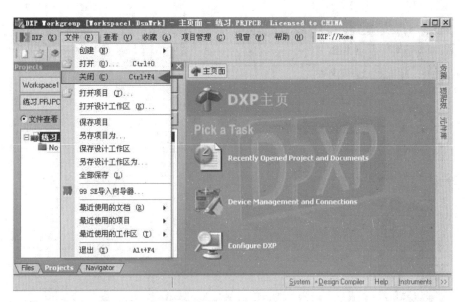

图1.27 关闭项目

图1.28 打开项目

然后会弹出一个对话框窗口,先选好所在位置,选好文件名字,如"练习.PRJPCB",再单击"打开",如图1.29所示。

你会对文件进行创建、保存、关闭、打开了吗?

图 1.29　打开项目对话框

【贴心提示】

- 在熟悉 Protel DXP 2004 的环境的时候,用鼠标指向某个地方停留一会儿就会出现提示信息。
- 如果英语较差,可以安装翻译软件,如金山快译等。

实战训练与评估

	实战训练	任务得分	综合得分	考核等级
训练项目	Protel DXP 2004 的安装(10 分)			
	Protel DXP 2004 的卸载(10 分)			
	Protel DXP 2004 的启动(10 分)		80 分以上为优;	
	Protel DXP 2004 的关闭(10 分)		70~80 分为良;	
	Protel DXP 2004 项目文件的创建(10 分)		60~70 分为及格;	
	Protel DXP 2004 项目文件的保存(10 分)		60 分以下为不及格	
	Protel DXP 2004 项目文件的关闭(10 分)			
	Protel DXP 2004 项目文件的打开(10 分)			
学习态度(20 分)				

第2章
原理图设计

　　在第 2 章中将学习怎样设置原理图的设计环境参数、原理图的设计和制作元件及创建元件库的相关知识。

　　本章安排了原理图设计环境的设置、原理图设计、制作元件和创建元件库*这三个项目。

项目 1　原理图设计环境的设置

[知识目标]

认识工作面板、工作窗口、状态栏、导航栏、工具栏和命令行。

[技能目标]

1. 会 Protel DXP 2004 的窗口设置。

2. 会 Protel DXP 2004 的图纸设置和其他设置。

任务 1　窗口设置

一、工作任务

本任务中,主要完成以下四个方面的工作:

①工作面板的切换、关闭和显示;

②工作窗口的切换;

③状态栏、导航栏、工具栏和命令行的关闭和显示;

④绘图区域的放大与缩小。

二、任务完成过程

1. 工作面板的切换、关闭和显示

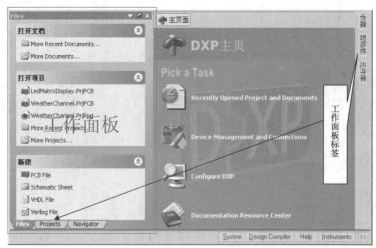

图 2.1　工作面板组与工作面板标签

　　缺省情况下,我们可以看见工作区左边的工作面板组和工作区右边栏上的工作面板标签。工作面板可以通过工作面板标签进行切换,如图2.1所示。

　　关闭工作面板,可以单击工作面板小窗口右上角的"×"来关闭。

　　显示某个工作面板,可以通过状态栏上的工作面板控制菜单来完成。例如要显示消息(Messages)工作面板,单击状态栏上的工作面板控制菜单的System→Messages,如图2.2所示。

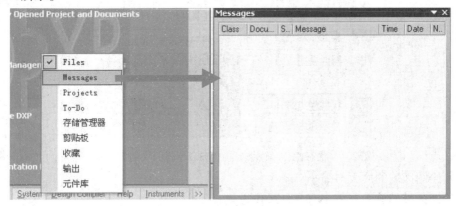

图2.2　显示消息(Messages)工作面板

　2. 工作窗口的切换

　　当在工作区使用了多个窗口后,要在窗口之间切换,可以直接单击窗口标签,如图2.3所示。

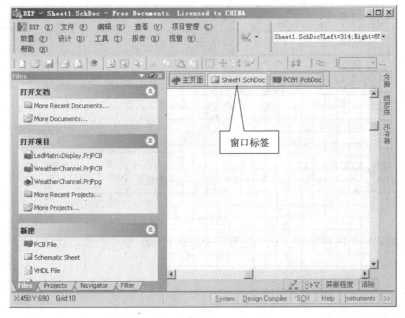

图2.3　工作窗口的切换

3. 状态栏、导航栏、工具栏和命令行的关闭和显示

当状态栏被显示时,主菜单栏的查看→状态栏的左边有一个"√",如果去掉"√"(只需单击一下),则该内容就不会显示。例如"显示命令行",如图2.4所示。

导航栏、工具栏的关闭和显示操作同于状态栏。

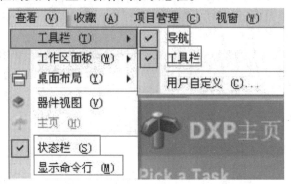

图2.4 状态栏、导航栏、工具栏和命令行的关闭和显示

4. 绘图区域的放大与缩小

绘图区域的放大与缩小有3种操作方式:

①快捷键。PgUp放大绘图区域,PgDn缩小绘图区域。

②快捷菜单。在工作区点鼠标右键弹出的菜单叫快捷菜单,如图2.5所示。

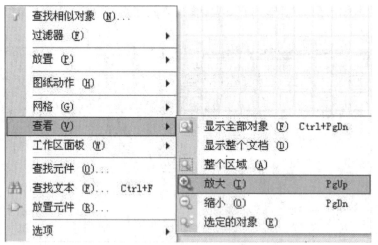

图2.5 通过快捷菜单来放大与缩小绘图区域

③主菜单。单击菜单栏上的"查看"→"放大"或"缩小"来对绘图区域的放大与缩小。

三、知识拓展

- 在对原理图的编辑过程中,除了使用绘图区域的放大与缩小外,还经常用到工具栏来显示全部对象、缩放整个区域和缩放选定对象,如图2.6所示。

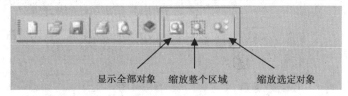

图2.6　通过工具栏来放大对象

- 按住鼠标右键不放,可以拖动图纸。

放大或缩小绘图区域。

任务2　图纸设置和其他设置

一、工作任务

本任务中,主要完成以下3个方面的工作:
①图纸尺寸、图纸方向和图纸颜色设置;
②网格设置和系统字体设置;
③优先设定和光标设置。

二、任务完成过程

1. 图纸尺寸、图纸方向和图纸颜色设置

图纸尺寸、图纸方向和图纸颜色设置都在如图2.7所示的文档选项对话框中。单击菜单栏的"设计"→"文档选项",即可出现该对话框。

①图纸尺寸设置在如图2.7所示的文档选项对话框的右边,可以选择标准风格的纸张类型,也可以选择自定义风格来输入纸张的宽度和高度。

②图纸方向设置在如图2.7所示的文档选项对话框的左边中上方,可以选择横向(landscape)或纵向(portrait)。

③图纸颜色设置在如图2.7所示的文档选项对话框的左下方,可以对图纸的边缘颜色和图纸颜色进行设置。单击原来的颜色会弹出选择颜色对话框,如图2.8所示,

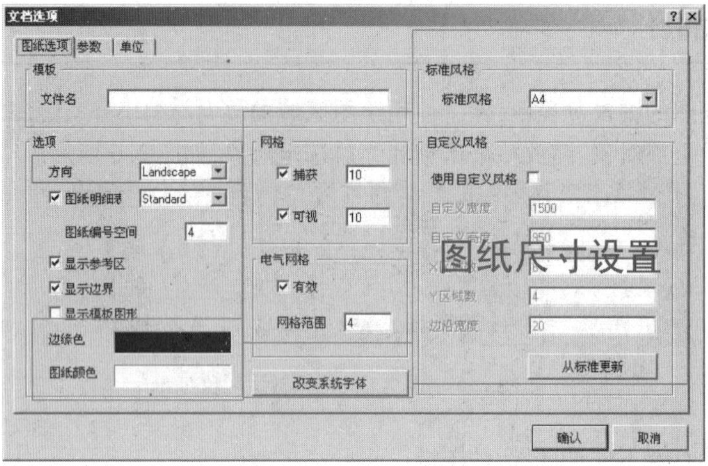

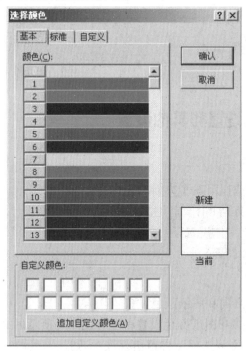

图 2.7 文档选项对话框

有基本、标准和自定义 3 种选择颜色的方法。

图 2.8 选择颜色对话框

2.网格设置和系统字体设置

网格设置在如图 2.7 所示的文档选项对话框的中上部。可以设置"捕获"（snap）、"可视"及"电气网格"的显示、隐藏和大小,默认单位是"mil"（系英制单位）。点文档选项对话框的"单位"标签,可以选择公制单位,即"毫米"（millimeters）等。

系统字体设置在如图 2.7 所示的文档选项对话框的中下部。单击"字体设置"后会弹出字体对话框,如图2.9所示。

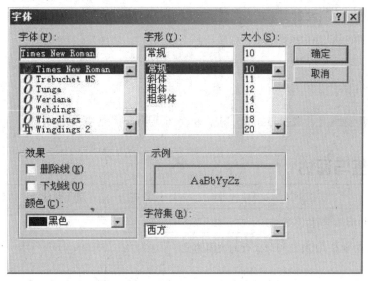

图 2.9 字体对话框

3. 优先设定和光标设置

在编辑电路原理图的过程中,除了文档选项的设置对其有影响外,其他设置也对其有影响。这些设置在"优先设定"对话框中,如图 2.10 所示。单击系统菜单 DXP (X),再单击 优先设定 (P)... ,就会出现"优先设定"对话框。

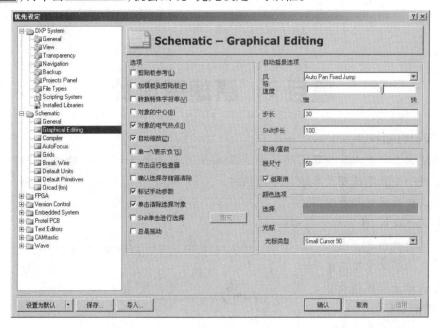

图 2.10 "优先设定"对话框

光标设置在"优先设定"对话框的"Schematic"→"Graphical Editing"里,如图2.10所示的右下边,可以设置光标的类型为"Large Currsor 90""Small Currsor 90""Small Currsor 45""Small Currsor 45"。

将图纸尺寸设为A4纸、图纸方向为纵向和图纸颜色为白色。

实战训练与评估

	实战训练	任务得分	综合得分	考核等级
训练项目	工作窗口的切换(10分)			
	状态栏、导航栏、工具栏和命令行的关闭和显示(20分)			
	绘图区域的放大与缩小(10分)		80分以上为优; 70~80分为良; 60~70分为及格; 60分以下为不及格	
	图纸尺寸、图纸方向和图纸颜色设置(20分)			
	网格设置和系统字体设置(10分)			
	优先设定和光标设置(10分)			
学习态度(20分)				

项目2　原理图设计

[知识目标]

1.认识原理图以及原理图的设计过程,认识原理图的设计工具,初识元件库面板;

2.进一步熟悉原理图各种符号的操作;

3.认识总线电路原理图;

4.认识输入/输出信号图形;

5.认识绘图工具栏;

6.认识层次电路图;

7.认识原理图报表。

[技能目标]

1.会绘制基本放大电路图;

2.会绘制串联型稳压电源原理图;

3．会绘制总线电路原理图；

4．会绘制输入/输出信号；

5．会绘制层次电路图；

6．会生成串联型稳压电源原理图报表和打印原理图。

任务 1　基本放大电路图的绘制

一、工作任务

本任务中,主要完成基本放大电路图的绘制。

二、知识准备

1．认识原理图

用导线将电源、开关(电键)、用电器、电流表、电压表等连接起来组成电路,再按照统一的符号将它们表示出来,这样绘制出来的图形就叫做电路图。在 Protel DXP 2004 中,用 SCH 编辑器绘制的基本放大电路图如图 2.11 所示。

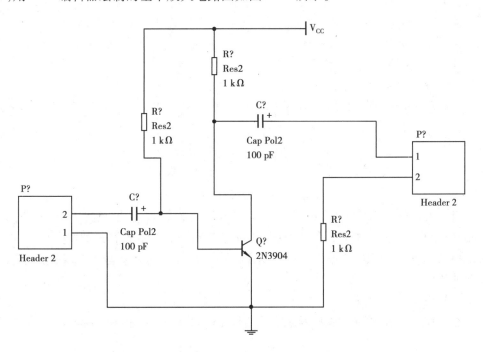

图 2.11　用 SCH 编辑器绘制的基本放大电路图

图 2.11 中所包含的元件如表 2.1 所示。

表2.1 图2.11所示基本放大电路图中包含的元件清单

中文名	元件名	数 量
极性电容	Cap Pol2	2
电阻	Res2	3
接线柱	Header 2	2
NPN三极管	2N3904	1

在图2.11中,除了表2.1所列的元件符号外,还有一些其他符号,如接地符号、电源符号、接点符号和导线等。

2.原理图的设计过程

(1)启动 Protel DXP 2004 原理图编辑器;

(2)设置图纸大小及版面(可以采用缺省设置);

(3)放置需要的元件;

(4)将元件用导线、符号连接起来;

(5)元件调整,完成绘制;

(6)电气检查;

(7)编译、修改;

(8)保存文档及报表输出。

3.原理图的设计工具

当启动 Protel DXP 2004 原理图编辑器后,在工具栏中将出现如图2.12所示的原理图设计工具。

图2.12 原理图设计工具

每个按钮的作用从左到右依次是:放置导线,放置总线,放置总线入口,放置网络标签,放置 GND 端口,放置 VCC 电源端口,放置元件,放置图纸符号,放置图纸入口,放置端口,放置忽略 ERC 检查指示符。用鼠标指向每个按钮并停留一会就会提示这个按钮的作用。

4.初识元件库面板

在工作区的右边栏上单击"元件库"打开元件库面板,如图2.13所示。

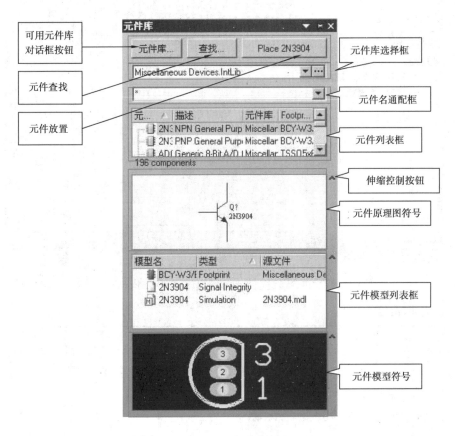

图 2.13 元件库面板

三、任务完成过程

完成基本放大电路图的绘制：

（1）启动 Protel DXP 2004 原理图编辑器的操作步骤：

在菜单栏上选择"文件"→"创建"→"原理图"命令，将创建一个如图 2.14 所示的原理图文件，其默认的文件名为"Sheet1. SchDoc"。

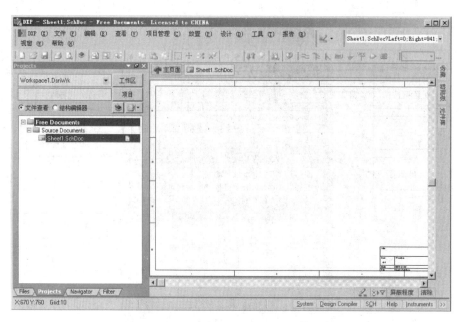

图 2.14　通过创建原理图启动原理图编辑器

【贴心提示】

- 创建一个原理图也可以先创建一个 PCB 项目文件,然后在项目文件中追加 Schematic(原理图)文件,如图 2.15 所示。操作步骤:右击项目文件名→"追加 新文件到项目"→"Schematic"。

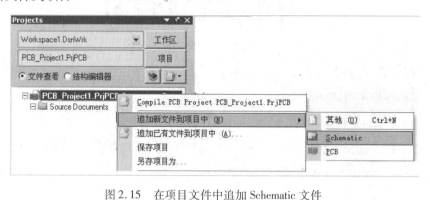

图 2.15　在项目文件中追加 Schematic 文件

(2)放置需要的元件的操作步骤:

图纸大小采用缺省设置,按 PgUp 或 PgDn 缩放原理图至合适大小。

基本放大电路图包含的元件见表 2.1,除了输入端接线柱和输出端接线柱在 Miscellaneous Connectors. Intlib 外,其他的都在 Miscellaneous Devices. Intlib 中。以放置 NPN 三极管为例,先看表 2.1 中 NPN 三极管的元件名为 2N3904,可以直接输入到元件库面板的元件名通配框,"＊"通配任意多个字符,"?"通配一个字符。然后在元件列表框单击 2N3904 的元件名,再单击"Place 2N3904"放置元件按钮,将鼠标指针移到原理图编辑器的工作区中,单击左键放置一个元件,右击结束放置。要放置多个文件,可以多次单击左键,也可以从元件列表框中直接将元件拖到工作区中。其他元件的放置与之相同,注意看表 2.1 中的元件名。放置完表 2.1 中所列的元件后,则如图 2.16 所示。

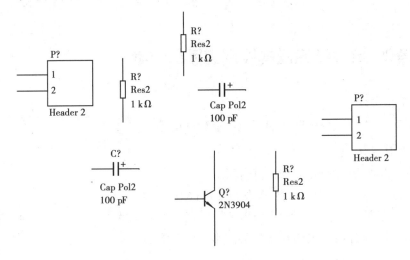

图 2.16　放置完元件的原理图编辑器

【贴心提示】

- 在放置元件的过程中,可以按空格键来旋转元件,每按一次旋转 90°。按 X 键水平翻转,按 Y 键垂直翻转。
- 如果元件已经放置到了图纸上,这时按空格键就不能旋转元件,可以单击元件再旋转。

(3)将元件用导线连接起来的操作步骤:

单击原理图设计工具的 ⚡ 来放置导线,然后将元件与元件连接起来。注意:连接时,要参照图 2.11。

【贴心提示】

- 要结束放置导线,单击鼠标右键。结束放置操作都应该点右键。连续放置是该软件的一大特色。所有的放置过程的结束都是单击右键或按 Esc 键结束。

(4)放置电源符号和接地符号,完成绘制:

单击原理图设计工具的 Vcc 来放置电源符号,单击 ⏚ 来放置接地符号。完成后,如图 2.11 所示。

(5)文件的保存:

单击菜单栏上的"文件"→"保存",来完成文件的保存。

完成图2.11所示的基本放大电路图并保存。

任务2 串联型稳压电源原理图的绘制

一、工作任务

本任务中,主要完成串联型稳压电源原理图的绘制。

二、知识准备

1.进一步熟悉原理图各种符号的操作

(1)原理图各种符号的点取、选取与取消选取

以NPN三极管为例,图2.17列出了元件点取的3种状态。元件的点取是指元件的图形的点取,操作时一定要在元件的图形单击左键。

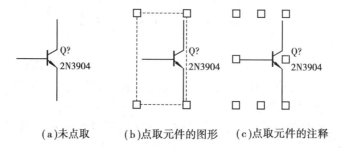

(a)未点取   (b)点取元件的图形   (c)点取元件的注释

图2.17 元件点取的3种状态

多个元件的选取如图2.18所示。注意一定要将待选的元件框进去,否则会出现如图2.19所示的错误操作。

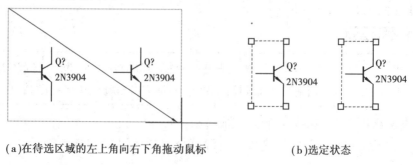

(a)在待选区域的左上角向右下角拖动鼠标   (b)选定状态

图2.18 多个元件的选取

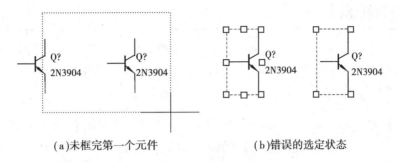

(a)未框完第一个元件　　　　　(b)错误的选定状态

图2.19　多个元件选取的错误方法

取消选取,只须在图纸空白处单击一下鼠标左键。

(2)原理图各种符号的移动、复制、剪切与粘贴、删除

仍以 NPN 三极管为例,操作前必须处于选取状态。

移动时,拖住不放,到了指定位置再释放鼠标。

复制时,可以按 Ctrl+C,也可以单击菜单栏上的"编辑"→"复制",还可以单击工具栏上的　按钮。

剪切时,可以按 Ctrl+X,也可以单击菜单栏上的"编辑"→"裁减",还可以单击工具栏上的　按钮。

粘贴前,必须先执行复制或剪切,可以按 Ctrl+Z,也可以单击菜单栏上的"编辑"→"粘贴",还可以单击工具栏上的　按钮。

删除时,可以按 DEL 键,也可以单击菜单栏上的"编辑"→"清除"。

(3)多种方法放置元件

除了通过元件库面板放置元件外,还可以通过菜单栏上的"放置"→"元件"来完成。

通过工具栏上的　来放置元件,通过快捷菜单(如图2.20所示,单击鼠标右键弹出)来完成;也可以通过按快捷键 P(放置 Place),再按 P(元件)来完成。

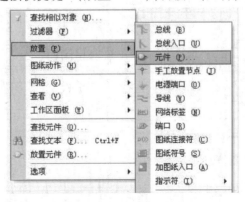

图2.20　放置元件的快捷菜单

【贴心提示】

- 一般只要是 Windows 的应用软件,在操作时都提供了这四种方法,即菜单法、工具栏法、快捷菜单法、快捷键法。四种方法中快捷键法操作速度最快,但需要记住各种快捷键,这些快捷键都在快捷菜单项的括号内。

不管使用哪种放置方法,都会弹出如图 2.21 所示的放置元件对话框。

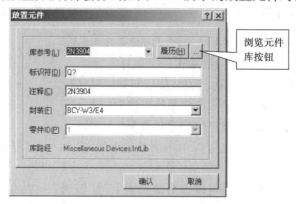

图 2.21　放置元件对话框

当对各个元件的英文名字熟悉后,经常采用图 2.21 所示的放置元件对话框。还可以单击 来浏览元件库,如图 2.22 所示。浏览元件库对话框的操作与元件库面板的操作类似。

图 2.22　浏览元件库对话框

（4）原理图各种符号的属性编辑

元件的属性仍以 NPN 三极管为例，操作前必须处于选取状态。双击元件的图形（不要双击到有文字的地方），即可弹出元件属性对话框；也可以右击元件的图形弹出元件属性对话框；若利用元件库面板来放置，当元件跟随光标移动时，可以按 Tab 键弹出元件属性对话框；当拖动元件时，也可以按 Tab 键弹出元件属性对话框。元件属性对话框如图 2.23 所示。

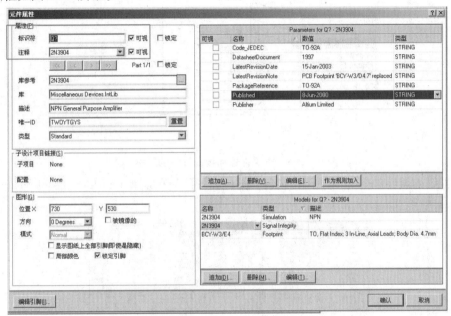

图 2.23　元件属性对话框

在元件属性对话框里经常操作的是元件的标识符、注释，以及标识符、注释的可视状态。

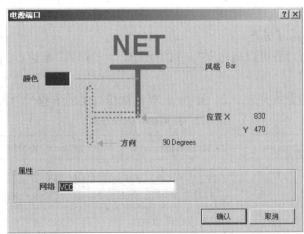

图 2.24　电源符号和接地符号属性对话框

电源符号和接地符号的属性如图 2.24 所示。可以设置颜色、风格、位置、方向、标识符。修改某一项,将鼠标指针移到它的值的地方单击一下,就可以更改了。电源符号和接地符号的风格如图 2.25 所示。

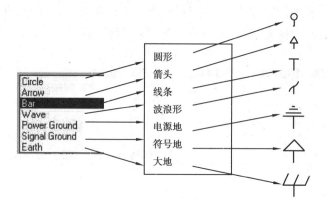

图 2.25　电源符号和接地符号的风格

导线的属性如图 2.26 所示,它包括颜色和导线宽的类型(Smallest 最小、Small 小、Medium 中等、Large 大)。

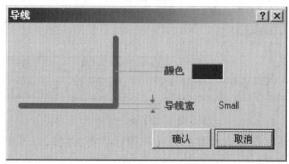

图 2.26　导线属性对话框

(5)元件的排列与对齐

元件的排列与对齐可以通过菜单栏的"编辑"→"排列"来进行,也可以使用调准工具 ➡ ▾ 来进行。

排列与对齐的方式见表 2.2。排列前,要对被排列的图形符号进行选取。

表 2.2　排列与对齐的方式

图　标	图标名称	快捷键
⊫	左对齐排列	Shift+Ctrl+L
⊣	右对齐排列	Shift+Ctrl+R
♣	水平中心排列	
▥▯	水平等距离分布排列	Shift+Ctrl+H

续表

图标	图标名称	快捷键
顶部对齐排列	顶部对齐排列	Shift+Ctrl+T
底部对齐排列	底部对齐排列	Shift+Ctrl+B
垂直中心排列	垂直中心排列	
垂直等距离分布排列	垂直等距离分布排列	Shift+Ctrl+V
排列对象到当前网格	排列对象到当前网格	Shift+Ctrl+D

（6）复原与取消

复原与取消的操作见表2.3。

表2.3 复原与取消

操作	菜单项	工具栏	快捷键	功能描述
取消	编辑→Undo		Ctrl+Z	取消本次操作
复原	编辑→Rndo		Ctrl+Y	复原被取消的操作

三、任务完成过程

1. 完成串联型稳压电源原理图的绘制

图2.27所示的电路图,就是本任务要绘制完成的串联型稳压电源原理图。

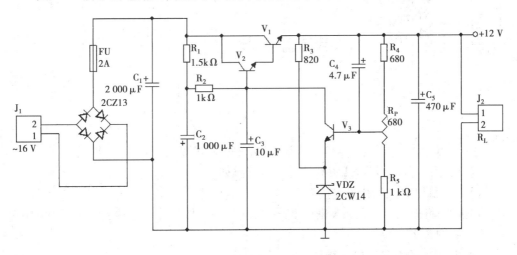

图2.27 串联型稳压电源原理图

（1）创建一个原理图文件

在菜单栏上选择"文件"→"创建"→"原理图"命令。

（2）放置需要的元件

图纸大小采用缺省设置,按 PgUp 或 PgDn 缩放原理图至合适大小。

表 2.4　串联型稳压电源原理图包含的元件

中文名	标识符	元件名	数　量
二极管桥	2CZ13	Bridge1	1
极性电容	C_1,C_2,C_3,C_4,C_5	Cap Pol2	5
保险管	FU	Fuse 1	1
接线柱	J_1,J_2	Header 2	2
电阻	R_1,R_2,R_3,R_4,R_5	Res2	5
可调电阻	Rp	Res Tap	1
NPN 三极管	V_1,V_2,V_3	2N3904	3
稳压管	VDZ	Diode 10TQ035	1

　　根据表 2.4 快速放置各个元件,可以按两次 P 键,弹出图 2.21 所示的放置元件对话框,在库参考中输入表 2.4 中的元件名,输入相应的标识符。放置完后,如图 2.28 所示。

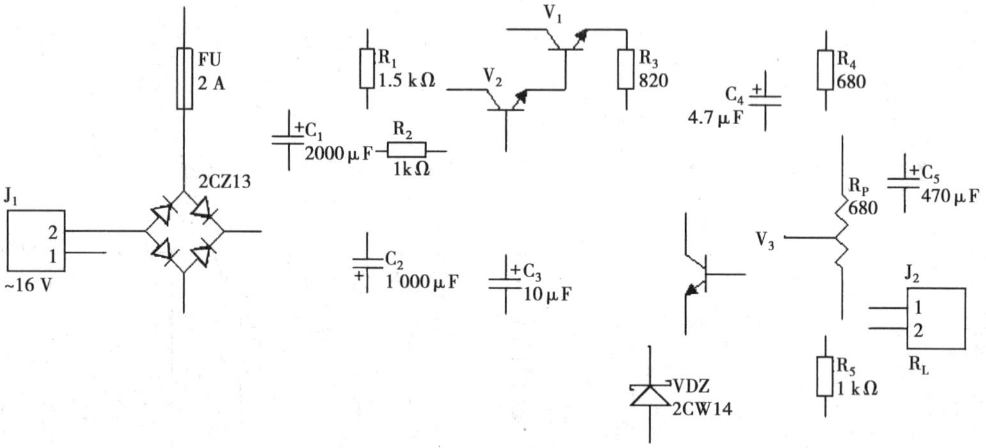

图 2.28　放置完元件符号的图纸

放置完后,可以对每行或每列的元件进行排列。

(3)将元件用导线、符号连接起来

　　单击原理图设计工具的 ▨ 来放置导线,然后将元件与元件连接起来。注意:连接时,要参照图 2.27。

　　(4)放置电源符号和接地符号,完成绘制

　　单击原理图设计工具的 ▨ 来放置电源符号,按 Tab 键弹出属性对话框如图 2.24 所示,修改电源符号的风格为"Circle"(圆形),在属性里输入"+12 V"。单击 ▤ 来放置接地符号,按 Tab 键弹出属性对话框如图 2.24 所示,修改符号的风格为"Bar"(线条),在属性里删除文字。完成后,如图 2.27 所示。

（1）打开上一次保存的基本放大电路图，按照图2.29修改元件的标识符，电源符号和接地符号的风格。

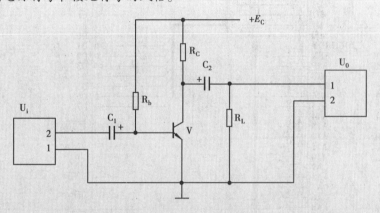

图2.29　基本放大电路图

（2）完成串联型稳压电源原理图的保存

单击菜单栏上的"文件"→"保存"，来完成如图2.27所示电路图的保存。

任务3　总线电路原理图的绘制

一、工作任务

本任务中，主要完成总线电路原理图的绘制。

二、知识准备

1. 认识总线电路原理图

先看如图2.30所示的电路原理图，两个集成块之间有8只引脚需要连接，并用D0～D7来标示各个引脚，称为网络标签。但这8只引脚没有用8根导线连接，而只用了一条总线，总线和总线入口见图中的标注。总线的作用是减少图纸上导线的数量，使图纸看起来简洁。总线入口的作用是连接集成块的引脚到总线上。网络标签的作用是指示从一块集成块的引脚出来连接到另一块集成块的哪只引脚，且必须成对出现，即要标明起点和终点，它们可以取代导线和总线，让图纸看起来更简洁。但如果大量使用网络标签，会使图纸上的符号连接关系看不清。网络标签可以使用数组的形式，如使用D[0..7]表示D0到D7。

放置总线的工具是工具栏上的 按钮，放置总线入口的工具是工具栏上的 按钮，放置网络标签的工具是工具栏上的 按钮，按Tab键可以输入文字。

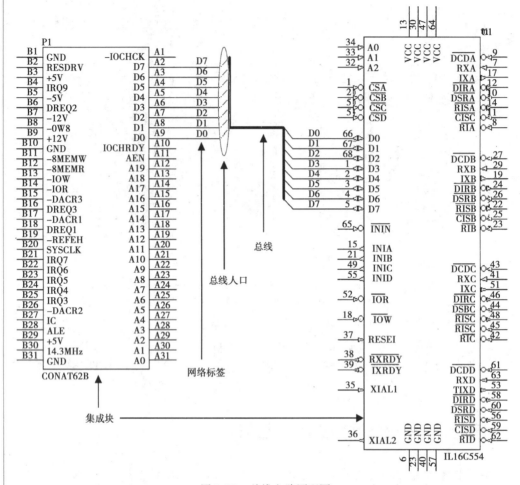

图 2.30　总线电路原理图

2. 装载元件库

　　一般电路设计用到的大部分元器件都能在 Miscellaneous Devices. Intlib 库中找到。但是设计所需要的元器件并不能都在该库中列出或者不知道所需要的元件所在的元件库,所以需要装载元件库。如果知道元件库所在的位置及文件名,可以直接加载;如果不知道所需要的元件所在的元件库,需要查找并加载。

　　(1)知道元件库所在的位置及文件名,装载元件库:

　　在右边栏打开元件库面板,也可以单击工具栏上的 🔍 按钮,弹出元件库对话框,如图 2.13 所示。单击"元件库…"按钮,弹出可用元件库对话框,如图 2.31 所示。

　　再单击"安装(I)…"按钮,弹出"打开"文件对话框,如图 2.32 所示。

　　在"查找范围"列表框中指定库文件所在的文件夹,在文件窗口中找到需要的元件的生产厂商文件夹,单击"打开"按钮,所选中的库文件将出现在可用库文件对话框中的"安装"选项卡中,成为当前活动的库文件。然后在可用元件库对话框中单击"关

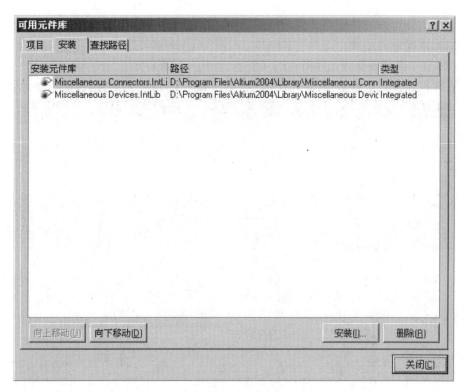

图 2.31　可用元件库对话框

图 2.32　打开"文件对话框

闭"按钮,关闭可用元件库对话框,并返回到元件库面板。此时的元件列表框已经是新加载的元件库中的元件。

(2)不知道所需要的元件所在的元件库,查找并加载:

在元件库面板上单击"Search..."按钮,弹出如图2.33所示的元件库查找对话框。

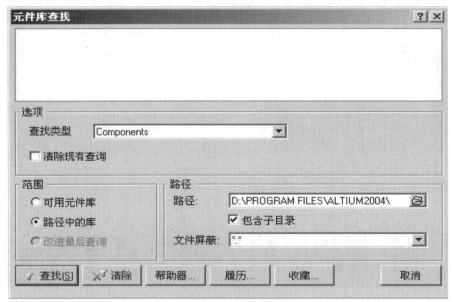

图 2.33 元件库查找对话框

在搜索框中输入要查找的元件名,选择"可用元件库"或"路径中的库"(可以指定路径),再单击"查找"按钮开始查找。查询的结果会显示在"元件库"面板中。

三、任务完成过程

1. 总线电路原理图的绘制

(1)创建一个原理图文件:

在菜单栏上选择"文件"→"创建"→"原理图"命令。

(2)放置需要的元件:

图纸大小采用缺省设置,按 PgUp 或 PgDn 缩放原理图至合适大小。

表2.5 总线电路原理图包含的元件

中文名	标识符	元件名	库文件及位置
集成电路块 CON AT62B	P1	CON AT62B	安装盘符:\Program Files\Altium2004\Examples\Reference Designs\
集成电路块 TL16C554	U1	TL16C554	4 Port Serial Interface\Libraries\ 4 Port Serial Interface. SchLib

根据表 2.5 库文件及位置先加载元件库"4 Port Serial Interface. SchLib",然后再放置表 2.5 中的各个元件,并修改元件的标识符。放置完后,如图 2.34 所示。

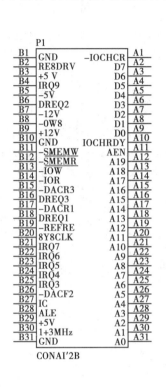
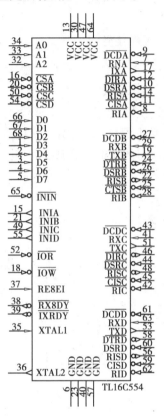

图 2.34　放置完元件符号的图纸

(3)将集成电路块用总线连接起来,完成绘制:

参照图 2.30,单击原理图设计工具的 ![] 来放置总线,然后单击原理图设计工具的 ![] ,在总线的左面放置 8 个总线入口,在总线的右面也放置 8 个总线入口,再用导线将集成电路块 P1 的 A2~A9 引脚与总线入口连接,将集成电路块 U1 的 D0~D7 引脚与总线入口连接。最后,在两边的导线上放置网络标签,注意网络标签的顺序要与连接一致。

2.总线电路原理图的保存

单击菜单栏上的"文件"→"保存",来完成图 2.30 所示总线电路原理图的保存。

参照图 2.30,完成总线电路原理图的绘制。

任务4　输入/输出信号绘制

一、工作任务

本任务中,主要完成输入/输出信号的绘制。

二、知识准备

1.认识输入/输出信号图形

在原理图中,输入/输出端通常放有一个输入/输出信号的波形图,如图2.35所示。这种图形起到说明或帮助阅读原理图的作用。在绘制这种图的时候,要用到绘图工具栏。

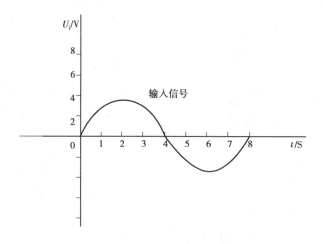

图2.35　输入信号的波形图

2.认识绘图工具栏

单击工具栏上的 按钮,则对应的实用工具子菜单会显示出来,如图2.36所示。各按钮的名称、快捷键详见表2.6。

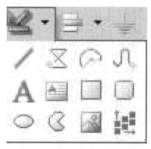

图2.36　实用工具子菜单

表2.6　实用工具菜单

按　钮	名　称	快捷键
/	放置直线	P+D+L
⊠	放置多边形	P+D+Y
⌒	放置椭圆弧	P+D+I
⌢	放置贝塞尔曲线	P+D+B
A	放置文本字符串	P+D+T
▣	放置文本框	P+D+F
▢	放置矩形	P+D+R
▢	放置圆角矩形	P+D+O
◯	放置椭圆	P+D+E
◖	放置饼图	P+D+C
🖼	放置图片	P+D+G
▦	设定粘贴队列	

下面具体介绍各种工具的使用方法。

（1）放置直线

单击实用工具栏上的 / 按钮,先单击确定起点,拖动或移动鼠标即可拉出一条直线,再单击确定终点,按鼠标右键或按 Esc 键完成。接着,可再放置直线,直到结束放置。画斜线需要在确定起点后按空格键更改走线模式。最后一次放置完直线,需要双击鼠标右键。

（2）放置多边形

单击实用工具栏上的 ⊠ 按钮,先单击确定起点,拖动或移动鼠标即可拉出一条直线;再单击确定第二点,继续拖动或移动鼠标;再单击确定第三点、第四点……,第一点会和最后一点自动连接。按鼠标右键或按 Esc 键完成。接着,可再放置多边形,直到结束放置。最后一次放置完多边形,需要双击鼠标右键。

（3）放置椭圆

单击实用工具栏上的 ◯ 按钮,先单击确定圆心;鼠标跳至 X 轴半径处,水平移动鼠标单击确定 X 轴半径;鼠标跳至 Y 轴半径处,垂直移动鼠标单击确定 Y 轴半径。接着,可再放置椭圆,直到按鼠标右键结束放置。

（4）放置椭圆弧

单击实用工具栏上的 ⌒ 按钮,先单击确定圆心,鼠标跳至 X 轴半径处,水平移动鼠标单击确定 X 轴半径;鼠标跳至 Y 轴半径处,垂直移动鼠标单击确定 Y 轴半径。前面的过程同画一个椭圆的过程,然后要确定弧线段的起点和终点。此时,鼠标跳至弧线段的起点,可以移动鼠标单击确定弧线段的起点;鼠标跳至弧线段的终点,移动鼠标单击确定弧线段的终点。接着,可再放置椭圆弧,直到按鼠标右键结束放置。

（5）放置饼图

单击实用工具栏上的 按钮,先单击确定圆心,鼠标跳至半径处,移动鼠标单击确定圆的半径,此时鼠标跳至弧的起点,可以移动鼠标单击确定弧的起点;鼠标跳至弧的终点,移动鼠标单击确定弧的终点,形成一个饼图。接着,可再放置饼图,直到按鼠标右键结束放置。

（6）放置矩形

单击实用工具栏上□的按钮,先单击确定矩形对角线的起点,沿矩形的对角线方向移动鼠标单击确定对角线的终点,形成一个矩形。接着,可再放置矩形,直到按鼠标右键结束放置。

（7）放置圆角矩形

单击实用工具栏上的□按钮,先单击确定圆角矩形对角线的起点,沿矩形的对角线方向移动鼠标单击确定对角线的终点,形成一个圆角矩形。接着,可再放置圆角矩形,直到按鼠标右键结束放置。

（8）放置文本字符串

单击实用工具栏上 的按钮,按 Tab 键弹出"注释"对话框,如图 2.37 所示。在"属性"下有一个文本输入框,输入文本字符串,点击"确认"按钮,回到放置状态,移动鼠标单击确定文本的位置,完成一次放置。接着,可再放置文本字符串,直到按鼠标右键结束放置。

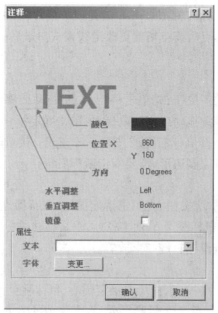

图 2.37 "注释"对话框

（9）放置文本框

单击实用工具栏上 **A** 的按钮，按 Tab 键弹出"文本框"对话框，如图2.38 所示。

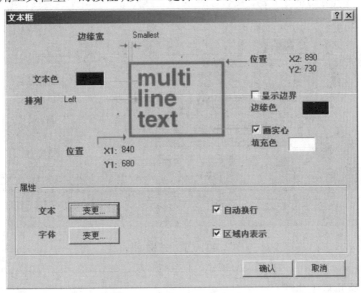

图2.38 "文本框"对话框

单击"属性"下的文本变更按钮 变更，弹出如图2.39 所示的文本输入框，可以在里面输入较多的文字。按"确认"按钮返回到"文本框"对话框，再按"确认"按钮返回到放置状态，移动鼠标单击确定文本的位置，完成一次放置。接着，可再放置文本框，直到按鼠标右键结束放置。

图2.39 文本输入框

（10）放置图形

单击实用工具栏上的按钮，按 Tab 键弹出"图形"对话框，如图2.40 所示。通过单击"浏览"来找到要放置的图形文件，然后单击"确认"按钮来返回到放置状态，移动鼠标单击确定图形的位置，完成一次放置。接着，可再放置图形，直到按鼠标右键结束

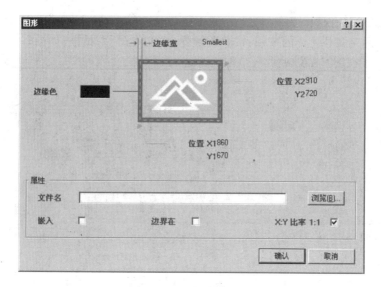

图2.40 "图形"对话框

放置。

(11)放置贝塞尔曲线

贝塞尔曲线在数学上是一种比较复杂的曲线,它一般由4点来决定,如图2.41所示。

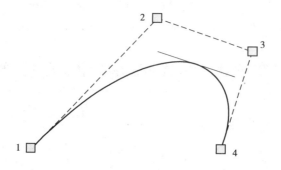

图2.41 贝塞尔曲线

贝塞尔曲线要与第1点与第2点的直线、第2点与第3点的直线、第3点与第4点的直线都相切。绘制方法:单击实用工具栏上的 ∿ 按钮,先单击确定第1点,拖动或移动鼠标即可拉出一条直线;再单击确定第2点,拖动或移动鼠标直线会随之弯曲;再单击确定第3点,拖动或移动鼠标直线再会随之弯曲;再单击确定第4点,按鼠标右键或按 Esc 键完成。接着,可再放置贝塞尔曲线,直到结束放置。最后一次放置完贝塞尔曲线,需要按2次鼠标右键。

技巧:如果第3点与第4点重合,也即在第3点处两次单击,可以画出正弦的半波、放电曲线、抛物线等,如图2.42所示。

图 2.42　利用贝塞尔曲线画出正弦的半波、放电曲线、抛物线

三、任务完成过程

1. 输入/输出信号图形的绘制

（1）创建一个图形文件

在菜单栏上选择"文件"→"创建"→"原理图"命令。

（2）绘制输入信号图形（输出信号绘制方法相同）

图纸大小采用缺省设置，按 PgUp 或 PgDn 缩放原理图至合适大小。

参照图 2.35，先用直线工具 ╱ 绘制坐标轴、刻度、箭头（注意按空格键更改走线模式），再用放置文本字符串工具 **A** 放置刻度上的数字及其他文字，最后用放置贝塞尔曲线工具 ∿ 画出正弦的上半波和下半波。

2. 输入/输出信号图形的保存

单击菜单栏上的"文件"→"保存"，来完成如图 2.35 所示输入信号波形图的保存。

参照图 2.35，完成输入信号的绘制。

任务5　层次电路图的绘制

一、工作任务

本任务中，主要完成层次电路图的绘制。

二、知识准备

1. 认识层次电路图

先打开"安装盘符：\Program Files\Altium2004\Examples\Reference Designs\4 Port Serial Interface\4 Port Serial Interface. schdoc"文件，如图 2.43 所示。

这个原理图中，包含有代表原理图"ISA Bus and Address Decoding. SchDoc"的图纸符号（左边方块）和代表原理图"4 Port UART and Line Drivers. SchDoc"的图纸符号（右

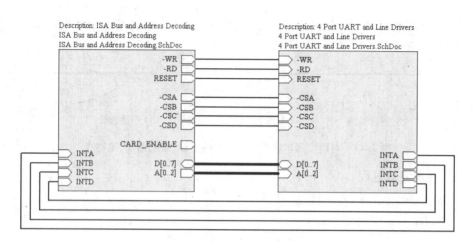

图2.43　4 Port Serial Interface. schdoc 原理图

边方块），以及图纸入口□或⬡符号。"4 Port Serial Interface. schdoc"这张原理图叫总图，而"ISA Bus and Address Decoding. SchDoc"和"4 Port UART and Line Drivers. SchDoc"这两张原理图叫子图，它们的位置都在总图的目录下。在子图中，□或⬡符号叫端口，与总图中的图纸入口□或⬡符号相对应。

2.认识绘图工具

（1）在总图中放置图纸符号

放置图纸符号的工具是▦按钮，单击后按 Tab 键弹出如图 2.44 所示的图纸符号

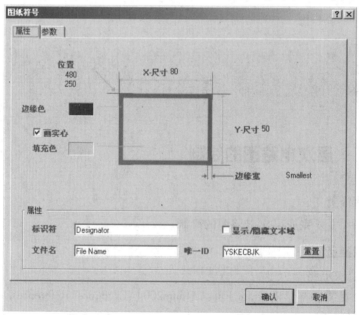

图2.44　图纸符号对话框

对话框。在"文件名"后的输入框里输入子图的文件名，按"确认"按钮返回到放置状

态,移动鼠标到指定位置单击,确定放置位置,完成一次放置。接着,可再放置图纸符号,直到按鼠标右键结束放置。

(2)在总图中放置图纸入口

放置图纸入口的工具是 按钮,单击后按 Tab 键弹出如图2.45所示的图纸入口对话框。在"名称"后的输入框里输入该图纸入口的名字,在"I/O 类型"后有 Unspecified(未指明)、Output(输出)、Input(输入)、Bidirectional(双向)4 个选项,选择一种,按"确认"按钮返回到放置状态,移动鼠标到指定位置单击,确定放置位置,完成一次放置。接着,可再放置图纸入口,直到按鼠标右键结束放置。

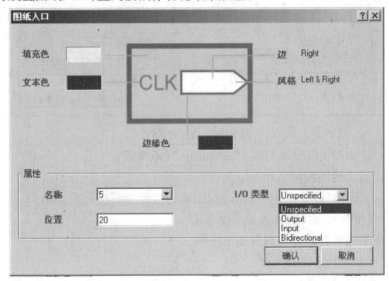

图 2.45　图纸入口对话框

(3)在子图中放置端口

放置图纸入口的工具是 按钮,单击后按 Tab 键弹出如图2.46所示的端口对话框。在"名称"后的输入框里输入该端口的名字,在"I/O 类型"后有 Unspecified(未指明)、Output(输出)、Input(输入)、Bidirectional(双向)四个选项,选择一种,按"确认"按钮返回到放置状态,移动鼠标到指定位置单击,确定放置位置的起点;再移动鼠标到指定位置单击,确定放置位置的终点,完成一次放置。接着,可再放置端口,直到按鼠标右键结束放置。

三、任务完成过程

1.层次电路图的绘制

参照图 2.43 绘制总图,子图可以自己参照"ISA Bus and Address Decoding. SchDoc"和"4 Port UART and Line Drivers. SchDoc"绘制,也可以直接拷贝这两个文件作为子图。

(1)创建一个 PCB 项目文件,再在项目文件中创建一个原理图文件

单击菜单栏上的"文件"→"创建"→"项目"→"PCB 项目",在新建的 PCB 项目文

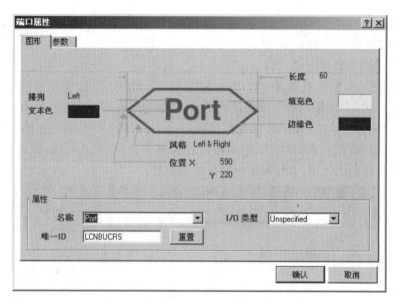

图 2.46　端口对话框

件上右击→"追加新文件到项目"→"Schematic"（原理图）。

（2）放置需要的图纸符号和图纸入口

图纸大小采用缺省设置，按 PgUp 或 PgDn 缩放原理图至合适大小。

图纸符号和图纸入口的放置参照图 2.43。

（3）放置总线和导线并完成总图的绘制

2.层次电路图及文件的保存

单击菜单栏上的"文件"→"另存项目为"，来完成层次电路图文件和项目文件的保存。

参照图 2.43，完成层次电路原理图总图的绘制。

任务6　串联型稳压电源原理图报表的生成和原理图打印

一、工作任务

本任务中，主要完成以下两个方面的工作：

①串联型稳压电源原理图报表的生成；

②串联型稳压电源原理图打印。

二、知识准备

1. 认识原理图报表

常用的原理图报表有两个：Protel 格式的网络表和材料清单(Bill of Materials)。

网络表是以文本的形式描述元器件信息和连接网络信息,它既是电路板自动布线的灵魂,也是电路原理图设计软件与印制电路板设计软件之间的桥梁。网络表文件名是以原理图的主文件名为主文件名,以.NET 为扩展名。

单击菜单栏上的"设计"→"文档的网络表"→"Protel",就会生成当前电路图的网络表文件,位置与原理图所在的路径相同。

打开一个网络表文件,可以看到如下的内容：

[	元器件声明开始
C1	元器件序号
POLAR0.8	元器件封装形式
Cap Pol2	元器件型号
].	元器件声明结束
(	网络定义开始
Net2CZ13_1	网络名称
2CZ13-1	元器件的序号和引脚号
J1-2	元器件的序号和引脚号
)	网络定义结束

可以看出,网络表由两部分组成：[ ]组成的元器件声明和( )组成的电器网络定义。具体含义见右边的解释。

基于工程文件的网络表的生成步骤和单文档网络表是相同的,只是网络表文件中的内容相对来说更加多了。

材料清单(Bill of Materials),有些书上又叫元件列表,主要用于整理一个电路或者一个工程项目文件中的所有元件的类别和数量。它主要包括元件的名称、标注、封装形式等信息。材料清单文件是一个电子表格文件,文件名是以原理图的主文件名为主文件名,以.XLS 为扩展名。

单击菜单栏上的"报告"→"Bill of Materials",会弹出如图2.47 所示的材料清单对话框。

单击 Excel(X)... 按钮,则将材料清单的内容导入 Excel 中,生成 Excel 表格文件,位置与原理图所在的路径相同。打开这个文件,可以看到如图2.48 所示的内容。

2. 原理图的电气检查设置与编译

在生成各种报表之前,最好检查一下原理图,以保证电路图在电气上的正确性。

(1)原理图的电气检查设置

单击菜单栏上的"项目管理"→"项目管理选项",弹出"Options for PCB Project XXX"对话框,在"Error Reporting"中设置各种检查的报告模式,有错误、警告、致命错

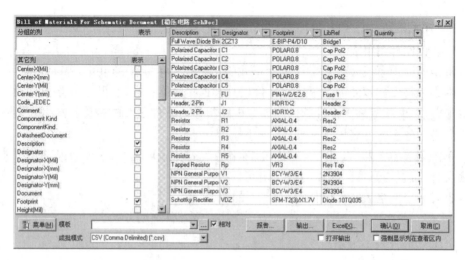

图 2.47 材料清单对话框

	A	B	C	D	E
1	Description	Designator	Footprint	LibRef	Quantity
2	Full Wave Diode Bri 2CZ13		E-BIP-P4/D10	Bridge1	1
3	Polarized Capacitor	C1	POLAR0.8	Cap Pol2	1
4	Polarized Capacitor	C2	POLAR0.8	Cap Pol2	1
5	Polarized Capacitor	C3	POLAR0.8	Cap Pol2	1
6	Polarized Capacitor	C4	POLAR0.8	Cap Pol2	1
7	Polarized Capacitor	C5	POLAR0.8	Cap Pol2	1
8	Fuse	FU	PIN-W2/E2.8	Fuse 1	1
9	Header, 2-Pin	J1	HDR1X2	Header 2	1
10	Header, 2-Pin	J2	HDR1X2	Header 2	1
11	Resistor	R1	AXIAL-0.4	Res2	1
12	Resistor	R2	AXIAL-0.4	Res2	1
13	Resistor	R3	AXIAL-0.4	Res2	1
14	Resistor	R4	AXIAL-0.4	Res2	1
15	Resistor	R5	AXIAL-0.4	Res2	1
16	Tapped Resistor	Rp	VR3	Res Tap	1
17	NPN General Purpo V1		BCY-W3/E4	2N3904	1
18	NPN General Purpo V2		BCY-W3/E4	2N3904	1
19	NPN General Purpo V3		BCY-W3/E4	2N3904	1
20	Schottky Rectifier	VDZ	SFM-T2(3)/X1.7V	Diode 10TQ035	1

图 2.48 导出 Excel 报表的内容

误和不报告四种模式。通常我们都使用系统的默认设置。

（2）对在 PCB 项目文件里的原理图文件进行编译（Compile）检查

如果原理图是一个自由文档，不属于 PCB 项目，那么它是不能通过编译检查的。

在项目管理面板中，右击待检查的原理图文件名，再单击"Compile Document XXX.SchDoc"，如果存在"错误"和"致命错误"，"Messages"面板将自动打开，如

图2.49所示。

图2.49　"Messages"面板

双击"Messages"面板中的错误信息,会弹出图2.50所示的"Compile Errors"面板。

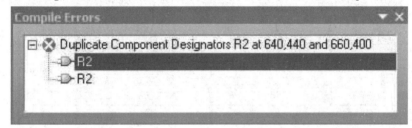

图2.50　"Compile Errors"面板

如果没有"Messages"面板打开,表示通过编译检查。

在原理图中,可以通过放置忽略 ERC 检查指示符(工具栏上的✕)来对某些还未完成的线路跳过检查。

三、任务完成过程

1.串联型稳压电源原理图报表的生成

①打开前面保存的串联型稳压电源原理图文件。

②单击菜单栏上的"设计"→"文档的网络表"→"Protel",就会生成当前电路图的网络表文件。

③单击菜单栏上的"报告"→"Bill of Materials",在弹出的对话框中单击 Excel(X) 按钮,则将材料清单的内容导入到 Excel 中,生成 Excel 表格文件。

2.串联型稳压电源原理图打印

单击菜单栏上的"文件"→"打印",弹出如图2.51所示的对话框。在"打印什么"下选择"Print Active Document"(打印当前文档),再单击"确认"按钮,开始打印。

完成串联型稳压电源原理图网络表和材料清单的生成与原理图打印。

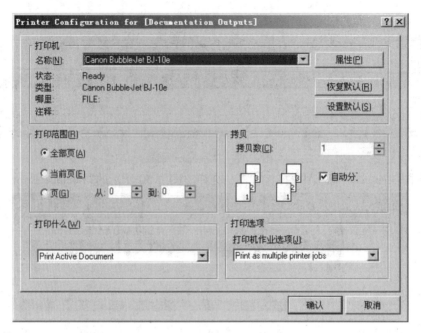

图 2.51　打印对话框

【聚沙成塔】

- 重点要掌握基本放大电路图的绘制,串联型稳压电源原理图的绘制以及报表的生成。

实战训练与评估

	实战训练	任务得分	综合得分	考核等级
训练项目	基本放大电路图的绘制(20分)			
	串联型稳压电源原理图的绘制(20分)			
	总线电路原理图的绘制(10分)		80分以上为优; 70~80分为良; 60~70分为及格; 60分以下为不及格	
	输入/输出信号绘制(10分)			
	层次电路设计(10分)			
	串联型稳压电源原理图报表的生成和输出(10分)			
学习态度(20分)				

项目 3 制作元件和创建元件库*

[知识目标]

认识元件符号的组成。

[技能目标]

制作一个 T 触发器元件。

任务 1 认识元件符号的组成

一、工作任务

本任务中,主要认识元件符号的组成。

二、知识准备

1.启动元件库编辑器

在使用元件库编辑器之前,首先必须进入到元件库编辑环境。

启动元件库编辑器的操作步骤如下:

在菜单栏上单击"文件"→"创建"→"库"→"原理图库",出现原理图元件库编辑工作界面,如图 2.52 所示。

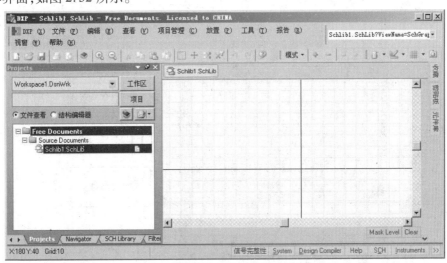

图 2.52 原理图元件库编辑工作界面

也可以在菜单栏上单击"文件"→"创建"→"项目"→"集成元件库",然后在该项目管理面板中右击项目的文件名→"追加新文件到项目中"→"Schemartic Library"（原理图库）来完成。优点是：制作完元件后，直接编译就可以装载库。

2. 熟悉元件库编辑器环境

元件库编辑器与原理图设计编辑器界面很相似，但从图2.52可以看出，元件库编辑器与原理图设计编辑器也有一个很明显的不同之处，就是编辑工作区不同，它有一个"十"字坐标轴（在原理图中放置元件时的"十"字光标与之对应），将编辑工作区划分为4个象限。这4个象限的定义和数学上的定义相同，也就是右上角为第一象限，左上角为第二象限，左下角为第三象限，右下角为第四象限。用户一般在第四象限中进行元件的编辑工作（在原理图中放置元件时，元件符号一般在"十"字光标的右下角），一定不要离原点太远，否则在原理图中就看不见元件符号。

在编辑元件的过程中，要用到元件库面板SCH Library。如果该标签已经在工作区左边的面板标签中，可以单击"SCH Library"切换；如果不在，可以在菜单栏上单击"查看"→"工作区面板"→"SCH"→"SCH Library"，就打开元件库面板，如图2.53所示。

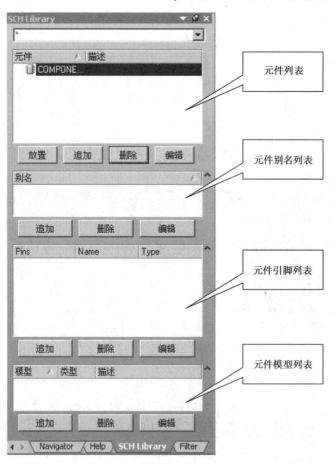

图 2.53　SCH Library 元件库面板

另外,菜单栏的"工具"项已经是与元件编辑相关的命令。

工具栏里,多出 IEEE 符号工具栏 ，绘图工具栏多出放置引脚工具 ，如图2.54 所示。

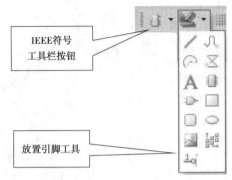

图2.54　IEEE 符号工具栏按钮和绘图工具栏

三、任务完成过程

先将"Miscellaneous Devices. Intlib"文件复制到任意文件夹下,再单击菜单栏上的"文件"→"打开",找到复制出来的"Miscellaneous Devices. Intlib"文件并打开,会出现图2.55 所示的对话框;单击"抽取源",会在项目(projects)面板中看到如图2.56 所示的"Miscellaneous Devices. SchLib"文件;双击打开它,切换面板到 SCH Library 元件库面板,如图2.57 所示。

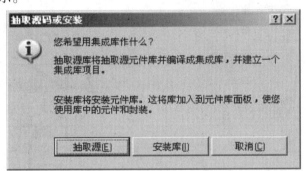

图2.55　抽取源码或安装对话框

从图2.57 中可以看出,一个元件符号主要由引脚和一般图形组成。

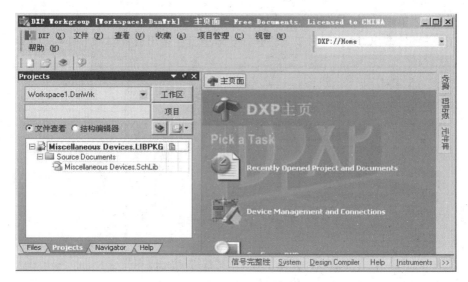

图 2.56 打开"Miscellaneous Devices. Intlib"文件的项目面板

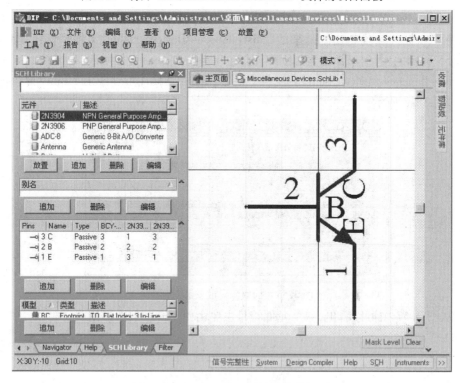

图 2.57 打开 2N3904 后的元件编辑器

任务2　制作一个T触发器元件

一、工作任务

要制作如图2.58所示的T触发器元件,主要完成4个方面的工作:

①绘制元件轮廓图;

②放置引脚;

③设置元件属性;

④保存新建的元件。

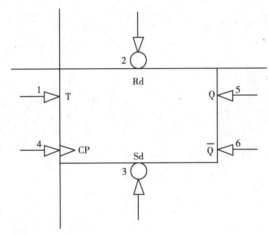

图2.58　T触发器元件图

二、任务完成过程

1.绘制元件轮廓图

①单击菜单栏上的"文件"→"创建"→"库"→"原理图库",进入原理图库编辑器,打开"SCH Library"面板,可以看到已经有一个默认名为"Component_1"的空元件。

②使用放置矩形的工具 ,从坐标轴原点开始,在第四象限画一个大小合适的矩形作为元件的轮廓。不管是在原理图编辑环境上还是在元件库编辑环境上,元件的大小都是以实线网格计算。缺省情况下,1实线个网格≈1/4厘米宽。在确定元件大小时,一定要考虑元件在原理图上的大小,不要被当前编辑环境下的放大或缩小的视图所迷惑。

2.放置引脚

单击放置引脚的工具 ,进入放置状态,按空格键旋转,按 Tab 键设置属性,会打开当前"引脚属性"对话框,如图2.59所示。然后,根据表2.7设置相应的属性。

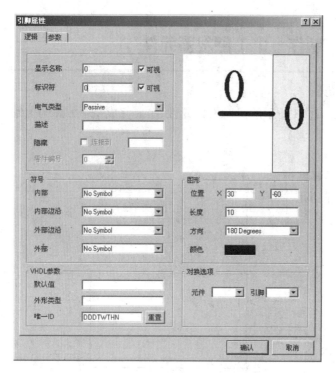

图 2.59 "引脚属性"对话框

表 2.7 T 触发器元件各引脚属性设置值

标识符	标识符可视	显示名称	显示名称可视	电气类型	隐藏引脚	长度	内部边沿符号	外部边沿符号	外部符号
1	√	T	√	Passive		15			Right Left Signal Flow
2	√		√	Passive		20		Dot	Right Left Signal Flow
3	√		√	Passive		20		Dot	Right Left Signal Flow
4	√	CP	√	Passive		15	Clock		Right Left Signal Flow
5	√	Q	√	Passive		15			Right Left Signal Flow
6	√	Q\	√	Passive		15			Right Left Signal Flow
7	√	GND	√	Power	√	15			
14	√	VCC	√	Power	√	15			

应注意以下几点:

①引脚的电气特性端,是指米字光标这一端,如图 2.60 所示。在放置时,要朝外,以便于在原理图中与其他元件连接。

②显示名称为"Q\",表示 $\overline{Q}$。

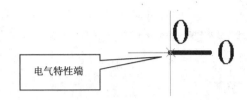

图2.60　引脚的米字光标

③电气类型为 Passive,表示被动类型;为 Power,表示电源类型。内部边沿符号为 Clock,表示时钟信号。外部边沿符号为 Dot,表示低电平触发信号。外部符号为 Right Left Signal Flow 表示由右至左传输的信号。一般情况下,都采用缺省设置。如果要标明这些,要用到 IEEE 符号,如图2.61 所示。

	低电平触发		延迟		反向器
	信号由右至左传输		多条I/O线组合		或门
	时钟		二进制组合		双向信号流
	电平触发输入		低态触发输出		与门
	模拟信号输入		Π符号		异或门
	非逻辑性连接		大于等于		信号左移
	延时输出		具有上拉电阻的开集极输出		小于等于
	开集极输出		开射极输出		Σ
	高阻抗状态		具上拉电阻的开射极输出		施密特触发输入
	大电流		数字信号输入		信号右移
	脉冲				

图2.61　IEEE 符号

④第 7 和 14 引脚为隐藏引脚,要显示或不显示隐藏引脚,单击菜单栏上的"查看"→"显示或隐藏引脚",显示出来的情况如图2.62 所示。

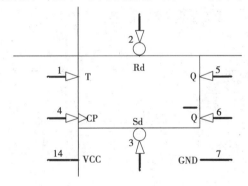

图2.62　显示出隐藏引脚

⑤第 2,3 引脚的名称没有,"Rd"和"Sd"是放置的文本字符串,如果文字设置在引脚的名称中是不美观的。

⑥要调整引脚名称或标识符与元件轮廓之间的间距,单击菜单栏上的"工具"→

"原理图优先设定",弹出图2.63所示的对话框。

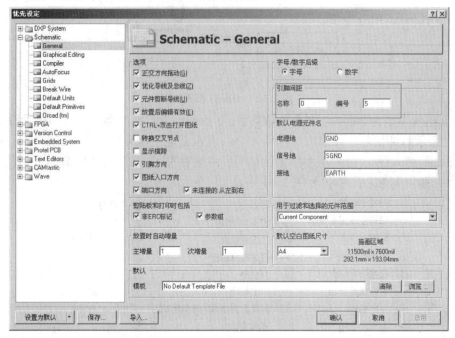

图2.63 优先设定对话框

在引脚间距下有名称和编号(就是标识符)的间距值输入框。输入后,单击"确认"按钮。

3. 设置元件属性

①为元件命名。单击菜单栏上的"工具"→"重新命名元件",弹出如图2.64所示对话框。输入元件的名字后,单击"确认"按钮。

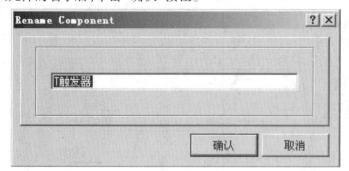

图2.64 Rename Component 对话框

②设置元件其他属性参数。在元件库面板元件列表框中双击要设置的元件,弹出如图2.65所示的对话框。可以对"Default Designator"(默认元件标识符)、"注释"等设置值。

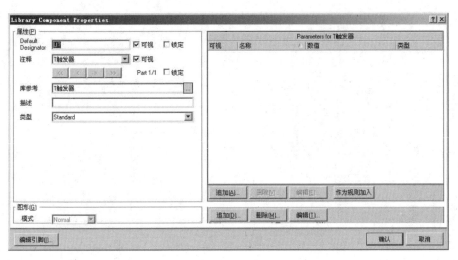

图 2.65　Library Component Properties 对话框

4. 保存新建的元件

元件是创建的元件库文件的一部分,因此,保存元件就是对元件库文件的保存。单击菜单栏上的"文件"→"保存"来保存元件库文件。

自己制作一下如图 2.58 所示的 T 触发器元件。

【聚沙成塔】

• 重点要掌握制作一个 T 触发器元件。

实战训练与评估

实战训练		任务得分	综合得分	考核等级
训练项目	启动元件库编辑器(10 分)			
	熟悉元件库编辑器环境(20 分)		80 分以上为优; 70 ~ 80 分为良; 60 ~ 70 分为及格; 60 分以下为不及格	
	认识元件符号的组成(10 分)			
	绘制元件轮廓图(20 分)			
	放置引脚(10 分)			
	设置元件属性、保存新建的元件(10 分)			
学习态度(20 分)				

第3章
印制电路板图的设计

在第 3 章中将学习印制电路板图的设计和制作元件封装的相关知识。

本章安排了印制电路板图的设计和制作元件封装*这两个项目。

项目 1 印制电路板图的设计

[知识目标]

认识印制电路板。

[技能目标]

1. 会绘制基本放大电路 PCB 图。

2. 会绘制串联型稳压电源 PCB 图。

3. 会设定布线规则。

任务 1 规划印制电路板

一、工作任务

本任务中,主要完成规划印制电路板。

二、知识准备

1. 从生产过程上认识印制电路板

首先观察图 3.1 所示的计算机电源电路板底面和图 3.2 所示的计算机电源电路板板面(部分元件)。

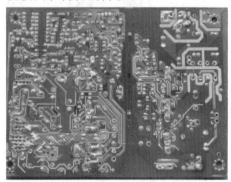

图 3.1 计算机电源电路板底面   图 3.2 计算机电源电路板上面(部分元件)

电路板是从一片光秃秃的印刷电路板(又叫 PCB 板)经过贴片、插件焊接和检测处理而来。

印刷电路板是只有线路,还没有安装元件的电路板,如图 3.3 所示。

生产印刷电路板是从覆铜板(如图 3.4)开始的,要在覆铜板上加工出电路板所需的错综复杂的印刷线路,大致经过裁切、钻孔、电镀、印制电路、电镀铅锡(铜膜电路加

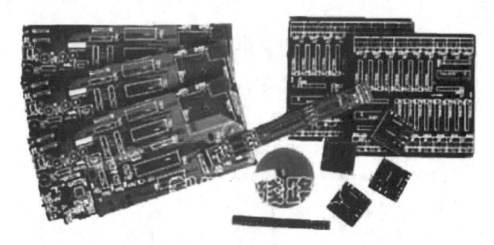

图 3.3　各种不同的 PCB 板(印刷电路板)

厚)、蚀刻、加阻焊层(上绿油)、防氧化处理、丝印文字标注等过程,就把一块覆铜板加工成印刷电路板,加工过程如图 3.5 所示。

覆铜板是由绝缘隔热、不易弯曲的材质制作而成的,表面只有薄薄的一层铜膜。如果只有一面有铜膜,这种叫单面板;两面都有铜膜的,则叫双面板;如果将两张双面板中间放进一层绝缘层后再叠板、压合,就构成了四面板。以此类推,可以做到近 100 层的覆铜板。

图 3.4　覆铜板

2. 从外观上认识印制电路板

印制电路板的板面(又叫顶面、元件面)包括元件封装轮廓图案、文字。

印制电路板的底面包括铜膜导线(直线、弧线)、焊盘、覆铜(矩形、多边形、中间有导线或焊盘的多边形)、绿油、铜膜上的锡(大电流通过的地方)。覆铜就是覆铜板上经过蚀刻留下的铜膜。

印制电路板上还有一些孔,如焊盘孔、过孔、安装孔等。焊盘孔是穿过整个电路板的。过孔是中间沉积了铜的孔,可以起到层与层之间导线连接的作用。在多层板中,过孔起止可以是任意有电路连接的两层。安装孔用于安装大元件或固定电路板到机壳中。

3. Protel DXP 2004 模拟的印制电路板

先进入 PCB 编辑器中,单击菜单栏上的"文件"→"创建"→"PCB 文件",启动 PCB 编辑器,如图 3.6 所示。

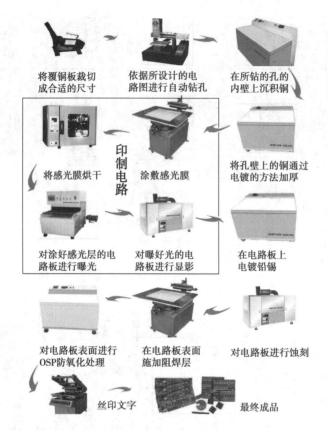

图 3.5　PCB 的加工过程

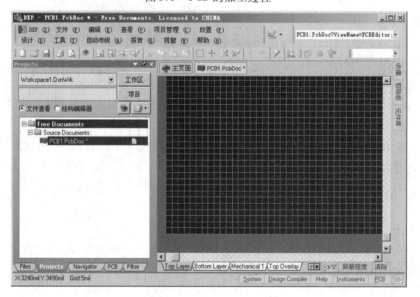

图 3.6　PCB 编辑器

在 PCB 编辑器中，可以看见"Top Layer（顶层）""Bottom Layer（底层）"
"Mechanical1（机械层 1）""Top Overlay（顶层丝印）"等标签。这些层既要对覆铜板的
面进行模拟，又要对覆铜板加工成 PCB 的过程进行模拟。

覆铜板的面数可以在"图层堆栈管理器"（如图 3.7 所示）中设定。单击菜单栏上
的"设计"→"层堆栈管理器"可以打开图层堆栈管理器，通过"追加层"和"删除"按
钮来增加和减少覆铜板的面数。

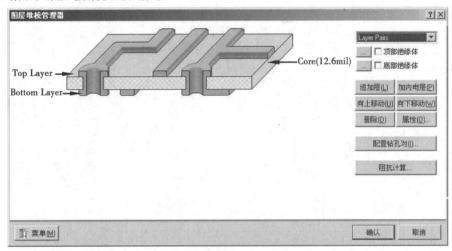

图 3.7　图层堆栈管理器

对覆铜板加工成 PCB 的过程进行模拟的层如图 3.8 所示。具体说明详见表 3.1。

图 3.8　"板层和颜色"对话框

表 3.1　对覆铜板加工成 PCB 的过程进行模拟的层

分　类	层的中文名	层的英文名	说　明	加工阶段
信号层	顶层	Top Layer	根据放置的图案形成铜膜	蚀刻
	底层	Bottom Layer		
内部层	电源/接地层	Internal Plane1	在多面板中出现	在过孔壁电镀铜
机械层	机械层 1	Mechanical1	对覆铜板的尺寸等说明	裁切
屏蔽层	顶层阻焊层	Top Solder Mask	在没有图案的地方上绿油	上绿油
	底层阻焊层	Bottom Solder Mask		
	顶层助焊层	Top Paste Mask	在有 SMD 焊盘图案的地方上锡膏	上锡膏（贴片阶段）
	底层助焊层	Bottom Paste Mask		
其他层	钻头指导	Drill Guide	辅助控制钻头位置	钻孔
	钻孔图形	Drill Drawing	指明钻出的图形	
	多层	Muiti-Layer	用于各种孔	
	禁止布线层	Keep Out Layer	用于自动布局、布线	不在加工阶段
丝印层	顶层丝印	TOP Overlayer	用丝印技术印刷文字或图案	文字印刷
	底层丝印	Bottom Overlayer		

在 PCB 编辑器中,看到的 PCB 图是所有可视的层的内容叠加起来的。

在工具栏上可以看见如图 3.9 所示的按钮,这些是对 PCB 上的各种元素的模拟。放置的方法和原理图设计工具是一样的。

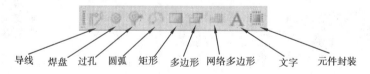

　　导线　焊盘　过孔　圆弧　矩形　多边形　网络多边形　　文字　元件封装

图 3.9　PCB 设计工具

三、任务完成过程

规划印制电路板既可以用向导规划,也可以手工规划。它包括设置印制电路板的层数、尺寸以及禁止布线的区域。

1. 手工规划

设置印制电路板的层数如图 3.7 所示。

设置印制电路板的尺寸在机械层中完成。利用 ![icon] 的放置直线工具 ![icon],画出印制电路板的边界,边界以外的部分可以在加工过程中切割掉。

设置印制电路板的禁止布线区域在禁止布线层中完成。利用 的放置直线工具 ,画出印制电路板的布线区域的边界,边界可以在自动布局和自动布线过程中限制元件和导线越过边界。

2. 用向导规划

在 Files 面板中(如图 3.10 所示)的"根据模板新建"窗口,单击"PCB Board Wizard",接下来根据向导一步一步完成。

图 3.10　Files 面板中的"根据模板新建"窗口

用底层、顶部丝印层、多层、机械层 1 和禁止布线层,模拟一下单面板的设计视图。

任务 2　基本放大电路 PCB 图绘制

一、工作任务

本任务中,主要是手工完成基本放大电路 PCB 图的绘制。

二、知识准备

1. 认识 PCB 图

首先观察图 3.11 所示的基本放大电路 PCB 图,它只有元件封装和导线。而"NetC1_2"等网络标号是系统用来标明电路连接的,不会出现在印刷电路板上。图中包含的元件如表3.2所示,包含的电路连接网络如表3.3所示。

表 3.2　基本放大电路 PCB 图包含的元件封装清单

中文名	标识符	封　装	元件名	数量
极性电容	C_1 , C_2	POLAR0.8	Cap Pol2	2
电阻	R_b , R_c , R_L	AXIAL-0.4	Res2	3
接线柱	U_i , U_o	HDR1X2	Header 2	2
NPN 三极管	V	BCY-W3/E4	2N3904	1

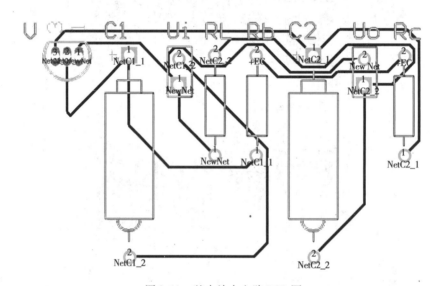

图 3.11　基本放大电路 PCB 图

表 3.3　基本放大电路 PCB 图包含的电路连接网络

网络名	NewNet	+EC	NetC1_1	NetC1_2	NetC2_1	NetC2_2
包含的 引脚	RL-1 Ui-1 Uo-2 V-1	Rb-2 Rc-2	C1-1 Rb-1 V-2	C1-2 Ui-2	C2-1 Rc-1 V-3	C2-2 RL-2 Uo-1

2. 认识元器件封装

元器件封装,原指用外壳把硅片包装起来,只将电路管脚引到外部接头处,以便与其他器件连接。元器件的安装技术有两种:插入和贴片。插入的元件的功能和外形比较多(如电容),其封装形式也比较多;插入的器件一般采用双列直插封装(DIP)。贴片器件的封装详见表3.4。常见的元件(如电容、电阻、二极管等)也可以用贴片技术安装。

表3.4 贴片器件的封装

封装形式	意 思	封装轮廓
PGA	引脚栅格阵列	图3.12(a)
SPGA	交错引脚栅格阵列	图3.12(b)
BGA	球状栅格阵列	图3.12(c)
SBGA	交错球状栅格阵列	图3.12(d)
SOP	小外形封装	图3.12(e)
LCC	无铅芯片载体	图3.12(f)
QUAD	四方封装	图3.12(g)

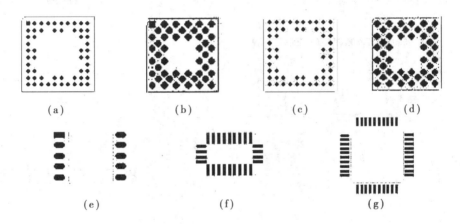

(a)　　　(b)　　　(c)　　　(d)

(e)　　　(f)　　　(g)

图3.12 贴片器件的封装轮廓

在 PCB 图中,一个元件的封装包括封装轮廓图、元件标识符(文字说明)、焊盘等信息(图3.11)。

封装轮廓图、元件标识符(文字说明)一般出现在丝印层中,焊盘只出现在多层中。

因此在 PCB 图中,元件封装就是指为元件安装提供的焊盘位置、占用面积和文字说明的一个对象。

3.PCB 图的设计过程

①启动 Protel DXP 2004 原理图编辑器。

②规划印制电路板。可以用向导规划,也可以手工规划。

③元件放置。元件可以来自原理图,也可以手工放置。

④元件布局。元件可以自动布局,也可以手工布局。

⑤导线绘制。导线可以自动布线,也可以手工布线。

⑥DRC 检查。

⑦保存文档及报表输出。

本节使用手工放置、手工布局、手工布线方式完成基本放大电路 PCB 图的绘制,下节使用来自原理图的元件、自动布局、自动布线方式完成串联型稳压电源 PCB 图的绘制。

三、任务完成过程

手工完成基本放大电路 PCB 图的绘制的过程如下：

1. 启动 Protel DXP 2004 PCB 图编辑器

在菜单栏上选择"文件"→"创建"→"PCB 文件"命令，将创建一个如图 3.6 所示的 PCB 文件，其默认的文件名为"PCB1.PcbDoc"。

【贴心提示】

- 创建一个原理图也可以先创建一个 PCB 项目文件，然后在项目文件中追加 PCB 文件，如图 3.13 所示。操作步骤：右击项目文件名→"追加新文件到项目"→"PCB"。

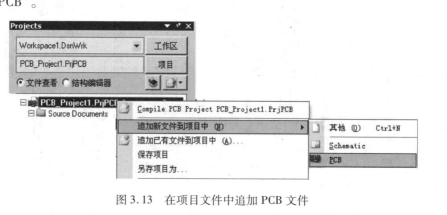

图 3.13　在项目文件中追加 PCB 文件

2. 规划印制电路板

印制电路板的层数、尺寸以及禁止布线区域采用缺省设置，按 PgUp 或 PgDn 缩放 PCB 图至合适大小。

3. 元件放置（手工放置）

先在 PCB 图编辑器中选择"Top Layer"。基本放大电路 PCB 图包含的元件详见表 3.2，除了输入端接线柱和输出端接线柱在 Miscellaneous Connectors.Intlib 外，其他的都在 Miscellaneous Devices.Intlib 中。以放置 NPN 三极管为例，NPN 三极管的元件名在表 3.2 中为 2N3904，可以直接输入到元件库面板的元件名通配框，"＊"通配任意多个字符，"？"通配一个字符。然后在元件列表框单击 2N3904 的元件名，在模型名中选出合适的封装，再单击"Place BCY-W3/E4"放置元件按钮，会弹出如图 3.14 所示的对话框。输入表 3.2 中对应的标识符"V"，单击"确认"回到放置状态，将鼠标指针移到 PCB 图编辑器的工作区中，单击左键放置一个元件，右击又会弹出如图 3.13 所示的对话框，单击"取消"结束放置。要放置多个元件，可以在放置过程中多次单击左键，也可以从元件列表框中直接将元件拖到工作区中。其他元件的放置与之相同，注意看

表3.2中的元件名。放置完表3.2中所列的元件后,如图3.15所示。

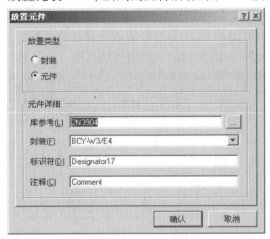

图 3.14　放置元件对话框

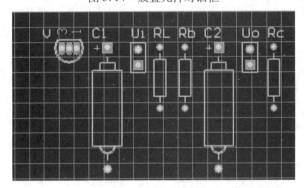

图 3.15　放置完元件的 PCB 图

4.元件布局(手工布局)

先选定好要排列的元件,单击菜单栏上的"编辑"→"排列"→"顶部对齐排列"(排列方式有很多种,可以根据需要进行排列),如图3.16所示。

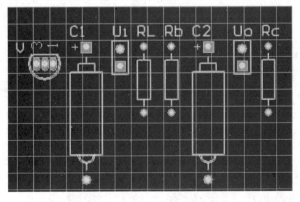

图 3.16　排列元件后的 PCB 图

5. 导线绘制(手工布线)

在绘制导线之前,要建立电路连接的网络。单击菜单栏上"设计"→"网络表"→"编辑网络"命令,弹出如图 3.17 所示的网络表管理器对话框。单击"类中的网络"下的"追加"按钮,弹出如图 3.18 所示的编辑网络对话框。

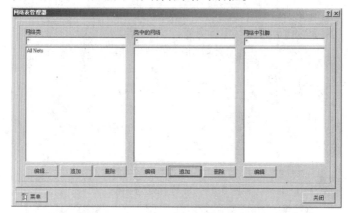

图 3.17　网络表管理器对话框

图 3.18　编辑网络对话框

根据表 3.3,在"网络名"后输入"NewNet",在"其他网络中的引脚"中依次双击"R_L-1""U_i-1""U_o-2""V-1",增加到"网络中引脚"中。用同样的方法将表 3.3 的所有网络都增加进来。增加完后,关闭"网络表管理器"对话框,PCB 图如图 3.19 所示。

在图 3.19 中表示网络连接的灰线叫"飞线",当用导线 将两端连接后,"飞线"

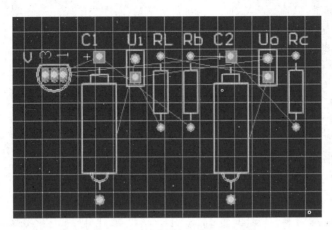

图 3.19　增加网络后的 PCB 图

会自动隐藏起来。

在放置导线的过程中,应注意以下几点:

①印制导线拐弯处一般取圆弧形,而直角或夹角在高频电路中会影响电气性能。此外,尽量避免使用大面积铜箔;否则,在长时间受热时,易发生铜箔膨胀和脱落现象。必须用大面积铜箔时,最好用栅格状,这样有利于排除铜箔与基板间粘合剂受热产生的挥发性气体。

②焊盘中心孔要比器件引线直径稍大一些。焊盘太大,易形成虚焊。焊盘外径(D)一般不小于($d+1.2$) mm,其中 d 为引线孔径。对高密度的数字电路,焊盘最小直径可取($d+1.0$)mm 。

导线放置完后,如图 3.11 所示。

6. 保存 PCB 图

DRC 检查以及报表输出在下一节介绍,这里只对 PCB 文件作保存。

单击菜单栏上的"文件"→"保存",来完成文件的保存。

完成图 3.11 所示的基本放大电路 PCB 图并保存。

任务 3　串联型稳压电源 PCB 图的绘制

一、工作任务

本任务中,主要完成以下 7 个方面的工作:

①从原理图输入元件、网络表;

②自动布局;

③自动布线；

④DRC 检查；

⑤保存文档及报表输出；

⑥PCB 图的打印输出；

⑦PCB 的三维效果显示。

二、任务完成过程

1. 从原理图输入元件、网络表

单击菜单栏上的"文件"→"创建"→"项目"→"PCB 项目"，即可新建一个 PCB 项目文件。在 Projects 面板中右击 PCB_Project1.PrjPCB，在弹出的快捷菜单上单击 追加已有文件到项目中 (A)，找到前面做好的串联型稳压电源电路图，如"稳压电路. SchDoc"(图 3.20)，单击"打开"按钮。

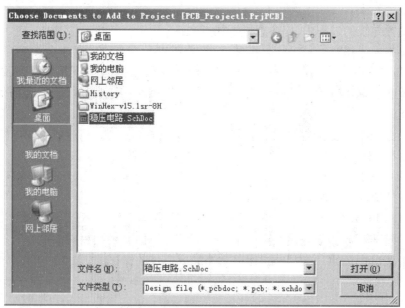

图 3.20 追加文件到 PCB 项目中

此时的 Projects 面板如图 3.21 所示。

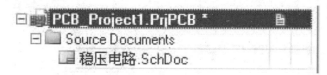

图 3.21 追加串联型稳压电源电路图文件后的 Projects 面板

然后再单击菜单栏上的"文件"→"创建"→"PCB 文件"，此时会把新建的 PCB 文件自动放到 PCB 项目中。随后全部保存，单击菜单栏上的"文件"→"全部保存"。

规划好印制电路板的尺寸和禁止布线区，采用缺省的 2 层 PCB 板。

接下来,就可以从原理图输入元件、网络表了。在 PCB 编辑器中,单击菜单栏上的"设计"→ Import Changes From PCB_Project1.PrjPCB ,弹出如图 3.22 所示的对话框。

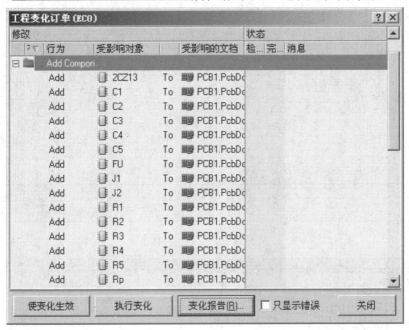

图 3.22 "工程变化订单"对话框

单击"执行变化"按钮,就把原理图中的元件、网络表输入到 PCB 编辑器中了。按 PgDn 键,缩小视图,在右下角可以看见输入的元件、网络(飞线表示),如图 3.23 所示。

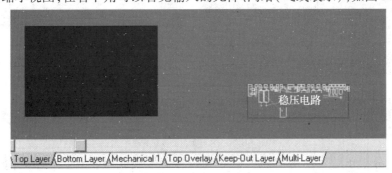

图 3.23 原理图中的元件、网络表输入到 PCB 编辑器中的最初状态

全部选择并移动到电路板图的中央,再单击菜单栏上的"查看"→"整个文件",使视图放大到与整个文件相适宜,这就为以后的工作做好了准备。

2. 自动布局

单击菜单栏上的"工具"→"放置元件"→"自动布局",弹出如图 3.24 所示的对话框;勾上"统计式布局",界面如图 3.25 所示。

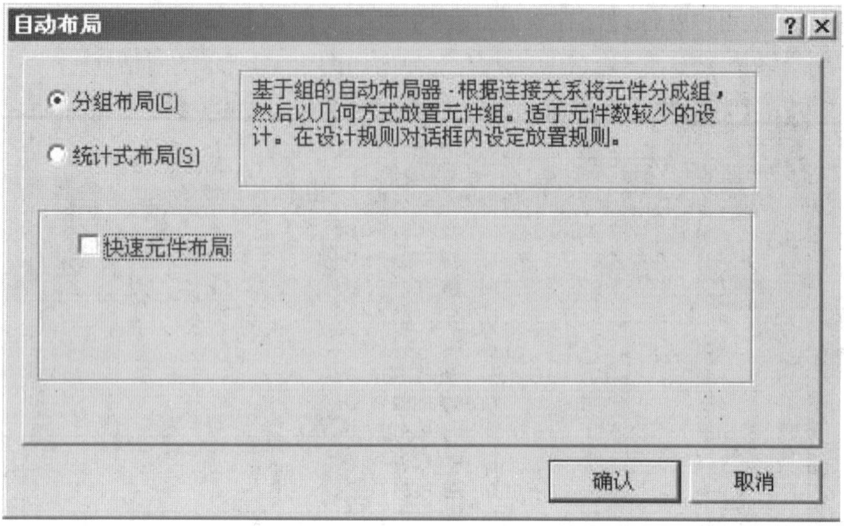

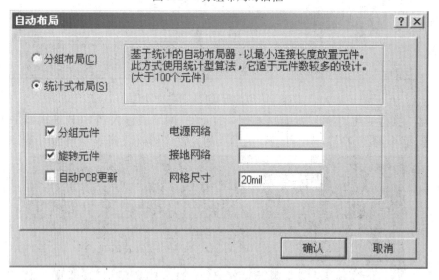

图 3.24 分组布局对话框

图 3.25 统计式布局对话框

选择"分组布局",单击"确定"。布局过程可能要花很长时间。布局前后的对比如图 3.26、图 3.27 所示。

3. 自动布线

单击菜单栏上的"自动布线"→"全部对象",弹出如图 3.28 所示的对话框。

单击"编辑规则",弹出如图 3.29 所示的对话框。具体的设置方法详见下节相关内容,这里采用缺省的设置。单击"确认"按钮,回到 Situs 布线策略对话框,在"布线策略"中选择"Default 2 Layer Board",然后单击"Route All"。完成后,PCB 图如图 3.30 所示。

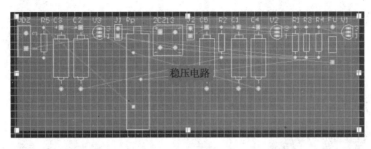

图 3.26　布局前

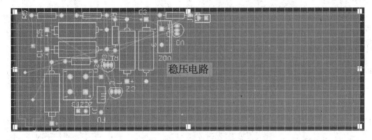

图 3.27　布局后

图 3.28　Situs 布线策略对话框

图 3.29　PCB 规则和约束编辑器

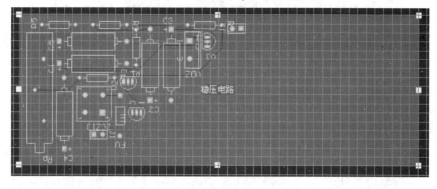

图 3.30　自动布线后的 PCB 图

4. DRC 检查

启动设计规则检查 DRC 的方法是执行菜单栏上的"工具"→"设计规则检查"命令，将弹出设计规则检查器对话框，如图 3.31 所示。

该对话框中左边是设计项，右边为具体的设计内容。

①Report Options 节点。该项设置生成的 DRC 报表将包括哪些选项，由 create report file(生成报表文件)、create violations(报告违反规则的项)、sub — net details (列出子网络的细节)、internal plane warmngs(内层检查)等选项来决定。选项 Stop when… violations found 用于限定违反规则的最高选项数，以便停止报表生成。系统默认所有的选项都选中生成。

② Rules To Check 节点。该项列出了 8 项设计规则，这些设计规则都是在 PCB 设计规则和约束对话框里定义的设计规则。单击左边各选择项，详细内容会在右边的窗

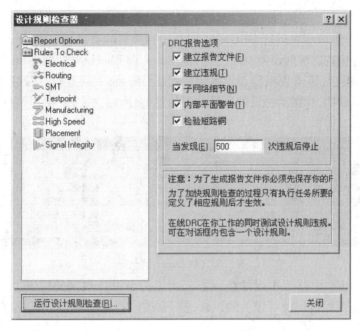

图3.31　设计规则检查器对话框

口中显示出来,如图3.32所示。这些显示包括显示 rule(规则名称)、category(规则的所属种类)。

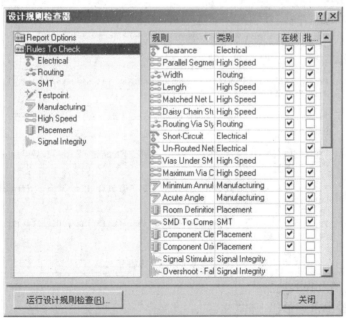

图3.32　选择设计规则选项

Online 选项表示该规则是否在电路板设计的同时进行同步检查,即在线方法的检查。

Batch 选择项表示在运行 DRC 检查时要进行检查的项目。

对要进行检查的规则设置完成之后，在 Rules To Check 对话框中单击 Run Design Rule Check…按钮，进入规则检查。系统将弹出 Messages 信息框，在这里列出了所有违反规则的信息项，包括所违反的设计规则的种类、所在文文件、错误信息、序号等，如图 3.33 所示。

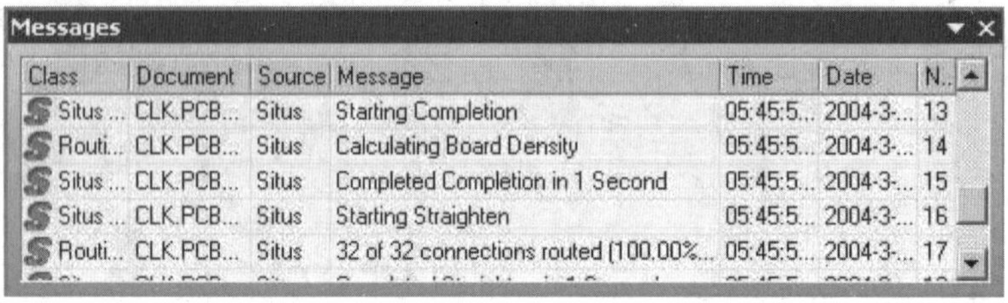

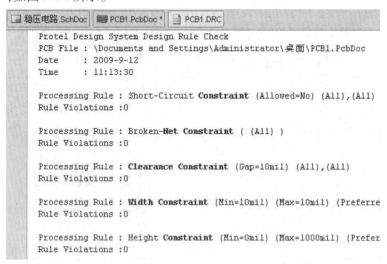

图 3.33　Messages 信息框

同时在 PCB 电路图中以绿色标志标出不符合设计规则的位置，用户可以回到 PCB 编辑状态下相应位置对错误的设计进行修改。再重新运行 DRC 检查，直到没有错误为止。

DRC 设计规则检查完成后，系统将生成设计规则检查报告，文件名后缀为“. DRC”，如图 3.34 所示。

```
Protel Design System Design Rule Check
PCB File : \Documents and Settings\Administrator\桌面\PCB1.PcbDoc
Date     : 2009-9-12
Time     : 11:13:30

Processing Rule : Short-Circuit Constraint (Allowed=No) (All),(All)
Rule Violations :0

Processing Rule : Broken-Net Constraint ( (All) )
Rule Violations :0

Processing Rule : Clearance Constraint (Gap=10mil) (All),(All)
Rule Violations :0

Processing Rule : Width Constraint (Min=10mil) (Max=10mil) (Preferre
Rule Violations :0

Processing Rule : Height Constraint (Min=0mil) (Max=1000mil) (Prefer
Rule Violations :0
```

图 3.34　设计规则检查报告

5. 保存文档及报表输出

保存文档：单击菜单栏上的“文件”→“保存”来完成文件的保存。

生成 PCB 板报表：单击菜单栏上的“报告”→“PCB 板信息”。

生成引脚的报表：单击菜单栏上的“报告”→“项目报告”→“Report Single Pin-Nets”。

生成元件报表:单击菜单栏上的"报告"→"项目报告"→"Componet Cross Reference"。

生成设计层次报表:单击菜单栏上的"报告"→"项目报告"→"Report Project Hierarchy"。

生成网络表状态:单击菜单栏上的"报告"→"网络表状态"。

生成 NC 钻孔报表:单击菜单栏上的"文件"→"输出制造文件"→"NC Drill Files"。

生成插置文件:单击菜单栏上的"文件"→"装配输出"→"Generates pick and place files"。

6.PCB 图的打印输出

单击菜单栏上的"文件"→"打印"。

7.PCB 的三维效果显示

单击菜单栏上的"查看"→"显示三维 PCB 板"。

根据串联型稳压电源电路图来创建 PCB 图,要求用自动布局和自动布线。

任务4 布线规则设定

一、工作任务

本任务中,主要完成布线规则的设定。

二、知识准备

在 PCB 设计中,布线是完成产品设计的重要步骤。PCB 布线有单面布线、双面布线和多层布线。输入端与输出端的边线相邻平行会产生反射干扰,两相邻布线层互相平行会产生寄生耦合,而这些干扰将影响线路的稳定性,甚至在干扰严重时造成电路板根本无法工作。为了避免干扰的影响,在 PCB 布线工艺设计中一般考虑以下方面:

(1)考虑 PCB 尺寸大小

PCB 尺寸过大时,印制线条长,阻抗增加,抗噪声能力下降,成本也增加;尺寸过小,则散热不好,且邻近线条易受干扰。应根据具体电路需要确定 PCB 尺寸。

(2)确定特殊组件的位置

确定特殊组件的位置是 PCB 布线工艺的一个重要方面,特殊组件的布局应主要注意以下方面:

①尽可能缩短高频元器件之间的联接,设法减少它们的分布参数和相互间的电磁

干扰。易受干扰的元器件不能相互离得太近,输入和输出组件应尽量远离。

②某些元器件或导线之间可能有较高的电位差,应加大它们之间的距离,以免放电引出意外短路。带高电压的元器件应尽量布置在调试时手不易触及的地方。

③重量超过 15 g 的元器件应当用支架加以固定,然后焊接。那些又大又重、发热量多的元器件,不宜装在印制板上,而应装在整机的机箱底板上,且应考虑散热问题。热敏组件应远离发热组件。

④对于电位器、可调电感线圈、可变电容器、微动开关等可调组件的布局应考虑整机的结构要求。若是机内调节,应放在印制板上便于调节的地方;若是机外调节,其位置要与调节旋钮在机箱面板上的位置相适应。应留出印制板定位孔及固定支架所占用的位置。

(3)布局方式

采用交互式布局和自动布局相结合的布局方式。在自动布线之前,可以用交互式预先对要求比较严格的线进行布局,完成对特殊组件的布局以后,再对全部组件进行布局。布局主要遵循以下原则:

①按照电路的流程安排各个功能电路单元的位置,使布局便于信号流通,并使信号尽可能保持一致的方向。

②以每个功能电路的核心组件为中心,围绕它来进行布局。元器件应均匀、整齐、紧凑地排列在 PCB 上。尽量减少和缩短各元器件之间的引线和连接。

③在高频下工作的电路,要考虑元器件之间的分布参数。一般电路应尽可能使元器件平行排列,这样,不但美观,而且装焊容易,易于批量生产。

④位于电路板边缘的元器件,离电路板边缘一般不小于 2 mm 。电路板的最佳形状为矩形。长宽比为 3:2 或 4:3 。电路板面尺寸大于 200 mm×150 mm 时,应考虑电路板所受的机械强度。

(4)电源和接地线处理的基本原则

由于电源、地线的考虑不周到而引起的干扰,会使产品的性能下降。对电源和地的布线,应采取一些措施降低电源和地线产生的噪声干扰,以保证产品的质量。方法有如下几种:

①电源、地线之间加上去耦电容。单单一个电源层并不能降低噪声,因为,如果不考虑电流分配,所有系统都可以产生噪声并引起问题,这样额外的滤波是需要的。通常在电源输入的地方放置一个 1 ~ 10 μF 的旁路电容,在每一个元器件的电源脚和地线脚之间放置一个 0.01 ~ 0.1 μF 的电容。旁路电容起着滤波器的作用,放置在板上电源和地之间的大电容(10 μF)是为了滤除板上产生的低频噪声(如 50/60 Hz 的工频噪声)。板上工作的元器件产生的噪声通常在 100 MHz 或更高的频率范围内产生谐振,所以放置在每一个元器件的电源脚和地线脚之间的旁路电容一般较小(约 0.1 μF)。最好是将电容放在板子的另一面,直接在组件的正下方,如果是表面贴片的电容则更好。

②尽量加宽电源线、地线的宽度，最好是地线比电源线宽，它们的关系是：地线>电源线>信号线。通常信号线宽为 0.2~0.3 mm，最细宽度可达 0.05~0.07 mm。电源线为 1.2~2.5 mm。用大面积铜层作地线用，在印制板上把没被用上的地方都与地相连接作为地线用。做成多层板，电源、地线各占用一层。

③依据数字地与模拟地分开的原则。若线路板上既有数字逻辑电路，又有模拟线性电路，应使它们尽量分开。低频电路的地应尽量采用单点并联接地，实际布线有困难时可部分串联后再并联接地。高频电路宜采用多点串联接地，地线应短而粗，高频组件周围尽量用栅格状大面积地箔，保证接地线构成死循环路。

三、任务完成过程

对于 PCB 的设计，Protel DXP 提供了详尽的 10 种不同的设计规则，这些设计规则包括导线放置、导线布线方法、组件放置、布线规则、组件移动和信号完整性等。根据这些规则，Protel DXP 进行自动布局和自动布线。布线是否成功和布线的质量的高低，很大程度上取决于设计规则的合理性，也依赖于用户的设计经验。

对于具体的电路，可以采用不同的设计规则，如果是设计双面板，很多规则可以采用系统默认值，系统默认值就是对双面板进行布线的设置。下面将对 Protel DXP 的布线设计规则设定进行具体介绍。

进入设计规则设置对话框的方法：在 PCB 电路板编辑环境下，单击 Protel DXP 的菜单栏上的"设计"→"规则"，系统将弹出如图 3.35 所示的 PCB 规则和约束编辑器对话框。

图 3.35　PCB 规则和约束编辑器对话框

该对话框左侧显示的是设计规则的类型，共分 10 类，如表 3.5 所示。

表3.5　设计规则一览表

desing rules(设计规则)	子类型
electrical(电气规则)	clearance(安全距离)
	short circuit(短路)
	un-routed net(未布线网络)
	un-connected pin(未连接管脚)
routing(布线规则)	width(导线宽度)
	routing topology(布线拓扑)
	routing priority(布线优先级别)
	routing layers(布线层)
	routing corners(拐角)
	routing via style(导孔)
	fanout control(扇出控制)
SMT(贴片规则)	SMD to corner(贴片到拐角)
	SMD to plane(贴片到内层)
	SMD neck-down(贴片颈缩)
mask(屏蔽层规则)	solder mask expansion(阻焊层延伸量)
	paste mask expansion(助焊层延伸量)
plane(内层规则)	power plane connect style(电源层连接方式)
	power plane clearance(电源层安全距离)
	polygon connect style(敷铜连接方式)
testpiont(测试点规则)	testpoint style(测试点风格)
	testpoint usage(测试点用法)
manufacturing (电路板制板规则)	minimum annular ring(最小焊盘环宽)
	acute angle(导线夹角设置)
	hole Size(导孔直径设置)
	layers pais(使用板层对)
high speed(高速规则)	parallel segment(平行距离)、length(长度)、matched lengths(匹配长度)、daisy chain stub length(线到末端长度)、vias under SMD(过孔在SMD下)、maximum via count(最大过孔数)

续表

desing rules（设计规则）	子类型
placement（放置规则）	room definition（房间定义）、component clearance（元件间隔）、component orientations（元件方向）、permitted layers（允许层）、net to ignore（忽略的网络）、hight（元件高度）
signal integrity（信号完整性规则）	signal stimulus、overshoot-falling edge、overshoot-rising edge、undershoot-falling edge、undershoot-rising edge、impedance、signal top value、signal base value、flight time-rising edge、flight time-falling edge、slope-rising edge、slope-falling edge、supply Nets

在图 3.35 所示的对话框的左边列出的是 Desing Rules（设计规则），其中包括 Electrical（电气类）、Routing（布线类）、SMT（贴片类）规则等，右边则显示对应设计规则的设置属性。

在该对话框左下角有"优先级"按钮，单击该按钮，可以对同时存在的多个设计规则设置优先级的大小。对这些设计规则的基本操作有新建规则、删除规则、导出和导入规则等。可以在左边任一类规则上右击鼠标，将会弹出如图 3.36 所示的菜单。

图 3.36　设计规则菜单

现以新建一个安全规则为例，简单介绍安全距离的设置方法。

①在 Clearance 上右击鼠标，从弹出的快捷菜单中选择"新建规则"选项，如图 3.37 所示。

图 3.37　新建规则

3

YINZHI DIANLUBAN TU DE SHEJI

系统将自动以当前设计规则为准,生成名为 Clearance_1 的新设计规则,单击"Clearance_1",弹出如图 3.38 所示的设置对话框。

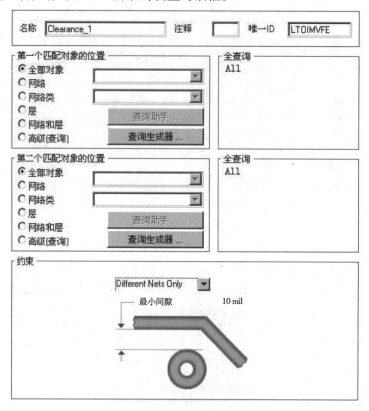

图 3.38　新建 Clearance_1 设计规则

②在"第一个匹配对象的位置"选项区域中选定一种电气类型。在这里选定"网络"单选项,同时在下拉菜单中选择设定的任一网络名。在右边"全查询"中出现"InNet( )"字样,其中括号里也会出现对应的网络名。

③同样的在"第二个匹配对象的位置"选项区域中也选定"网络"单选项,从下拉菜单中选择另外一个网络名。

④在"约束"选项区域中的"最小间隙"文本框里输入"8mil"。

⑤单击"确认"按钮,将退出设置,系统自动保存更改。

设计完成效果,如图 3.39 所示。

设计更复杂的 PCB 图要考虑些什么?

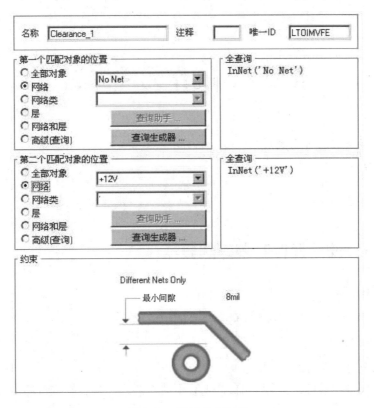

图 3.39 设置最小距离

【聚沙成塔】

- 重点要掌握基本放大电路 PCB 图绘制和串联型稳压电源 PCB 图的绘制。

实战训练与评估

	实战训练	任务得分	综合得分	考核等级
训练项目	启动 PCB 图编辑器(10 分)			
	规划印制电路板(10 分)			
	基本放大电路 PCB 图绘制(20 分)		80 分以上为优； 70~80 分为良； 60~70 分为及格； 60 分以下为不及格	
	串联型稳压电源 PCB 图的制作(20 分)			
	PCB 板布线规则的运用(10 分)			
	文件的保存(10 分)			
	学习态度(20 分)			

项目 2　制作元件封装

[知识目标]

认识元件封装符号的组成。

[技能目标]

会制作一个 LCC 元件封装。

任务 1　使用元件封装库编辑器

一、工作任务

本任务中,主要完成认识元件封装符号的组成。

二、知识准备

1.启动元件封装库编辑器

在使用元件封装库编辑器之前,首先必须进入到元件封装库编辑环境。

启动元件封装库编辑器的操作步骤:

在菜单栏上单击"文件"→"创建"→"库"→"PCB 库",出现元件封装库编辑工作界面,如图 3.40 所示。按 PgUp 键放大视图直到出现网格,它不像元件库编辑器有个"十"字坐标轴,只有自己找到坐标原点。

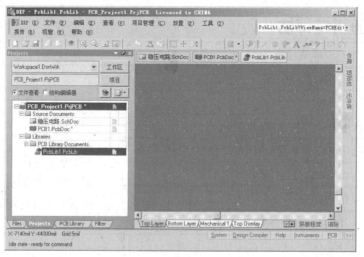

图 3.40　元件封装库编辑工作界面

也可以在菜单栏上单击"文件"→"创建"→"项目"→"集成元件库",然后在该项目管理面板中右击项目的文件名→"追加新文件到项目中"→"PCB Library"(PCB库)来完成。

2. 熟悉元件封装库编辑器环境

元件封装库编辑器与 PCB 图设计编辑器界面很相似,但从图 3.40 可以看出,元件封装库编辑器与 PCB 图设计编辑器也有一个很明显的不同之处:元件封装库编辑器没有黑色背景的 PCB 板,只有工作空间的灰色背景。元件封装库编辑器与元件库编辑器也有一个很明显的不同之处:没有一个"十"字坐标轴。而元件电路符号和元件封装符号放置到原理图和 PCB 图中,都是在"十"字光标的右下角,这就要求用户一般在第四象限中进行元件封装的编辑工作,一定不要离原点太远;否则,在 PCB 图中就看不见元件封装符号。

在编辑元件封装的过程中,要用到元件封装库面板 PCB Library,如果该标签已经在工作区左边的面板标签中,可以单击"PCB Library"切换;如果不在,可以在菜单栏上单击"查看""工作区面板"→"PCB"→"PCB Library",就打开 PCB 库面板,如图 3.41所示。

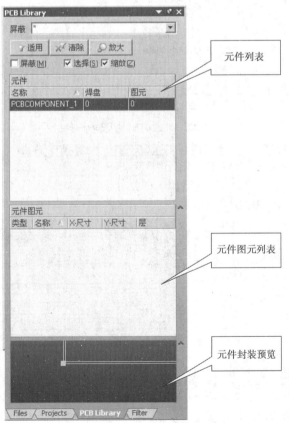

图 3.41　PCB 库面板

另外,菜单栏的"工具"项已经是与元件封装编辑相关的命令。

工具栏和PCB图编辑器中相似。

三、任务完成过程

认识元件封装符号的组成

先将"Miscellaneous Devices. Intlib"文件复制到任意文件夹下,再单击菜单栏上的"文件"→"打开",找到复制出来的"Miscellaneous Devices. Intlib"文件并打开,会出现图3.42所示的对话框。单击对话框的"抽取源",则显示项目(projects)面板如图3.43所示。右击"Miscellaneous Devices. LIBPKG"项目名→"追加已有文件到项目中",文件类型选择"PCB Library",双击"Miscellaneous Devices. PcbLib"就可以在项目中看到"Miscellaneous Devices. PcbLib"。双击"Miscellaneous Devices. PcbLib"打开,切换面板到PCB Library库面板,单击元件列表中的"AXIAL-0.3"(这个是电阻常用的封装),如图3.44所示。

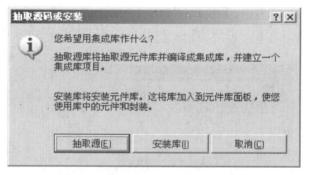

图3.42　抽取源码或安装对话框

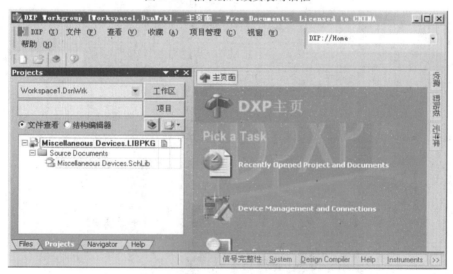

图3.43　打开"Miscellaneous Devices. Intlib"文件的项目面板

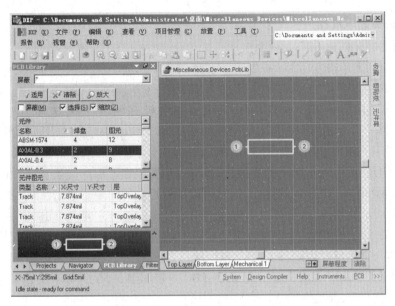

图 3.44　打开"AXIAL-0.3"后的元件封装编辑器

从图 3.44 中可以看出,一个元件符号主要由焊盘和一般图形组成。如果元件是插入安装,焊盘就是从顶层到底层;如果是贴片安装,焊盘的直径则为 0,只在顶层或底层。一般图形都在丝印层,可以在顶层丝印层(Top Overlay)或底层丝印层(Bottom Overlay)。

任务2　制作一个 LCC 元件封装

一、工作任务

要制作如图 3.45 所示的 LCC 元件封装,可以用以下两种方法来完成:
①利用向导创建 LCC 元件封装;
②手工创建 LCC 元件封装。

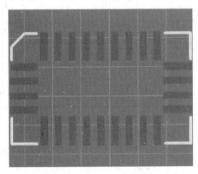

图 3.45　LCC 元件封装

二、任务完成过程

1. 利用向导创建 LCC 元件封装

在菜单栏上单击"文件"→"创建"→"库"→"PCB 库",新建一个 PCB 库文件。

在菜单栏上单击"工具"→"新元件",启动元件封装向导(图 3.46)。单击"下一步",会出现如图 3.47 所示的界面,其元件封装模式见表 3.6,选择"Leadless Chip Carrier(LCC)"。单击"下一步",会出现如图 3.48 所示的界面,这里可以指定焊盘尺寸。单击"下一步",会出现如图 3.49 所示的界面,这里可以选择焊盘形状。单击"下一步",会出现如图 3.50 所示的界面,这里可以设置轮廓图形的线条宽度。单击"下一步",会出现如图 3.51 所示的界面,这里可以指定焊盘的间距。单击"下一步",会出现如图 3.52 所示的界面,这里可以为焊盘自动编号设置编号方向。单击"下一步",会出现如图 3.53 所示的界面,这里可以设置焊盘的数量。单击"下一步",会出现如图 3.54 所示的界面,这里可以为元件封装命名。单击"下一步",会出现如图 3.55 所示的界面,最后单击"Finish"完成向导。完成后,LCC 封装如图 3.56 所示。最后保存,在菜单栏上单击"文件"→"保存"。

表 3.6　元件封装模式列表

分类	中文名	元件封装模式	缩　写	安装技术
元件	电容	Capacitors		插入/贴片
	二极管	Diodes		插入/贴片
	电阻	Resistors		插入/贴片
器件	双列直插封装	Dual in-line Package	DIP	插入
	引脚栅格阵列	Pin Grid Arrays	PGA	贴片
	交错引脚栅格阵列	Staggered Pin Grid Array	SPGA	贴片
	球状栅格阵列	Ball Grid Arrays	BGA	贴片
	交错球状栅格阵列	Stagered Ball Grid Array	SBGA	贴片
	小外形封装	Small Outline Package	SOP	贴片
	无铅芯片载体	Leadless Chip Carrier	LCC	贴片
	四方封装	Quad Packs	QUAD	贴片

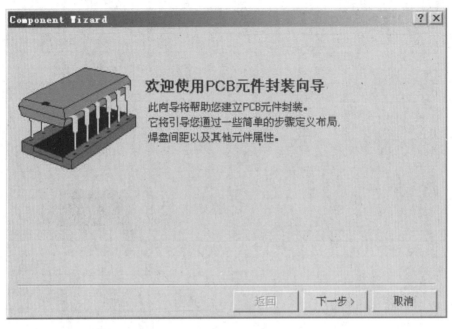

图 3.46　元件封装向导第 1 步

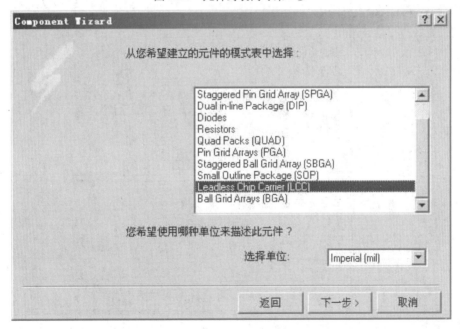

图 3.47　元件封装向导第 2 步

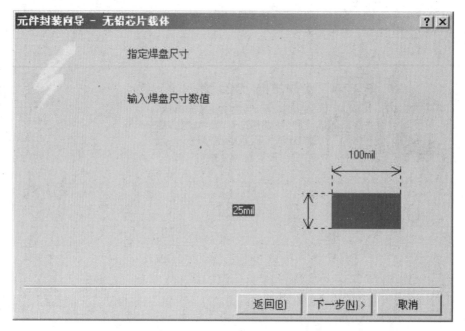

图 3.48　元件封装向导第 3 步

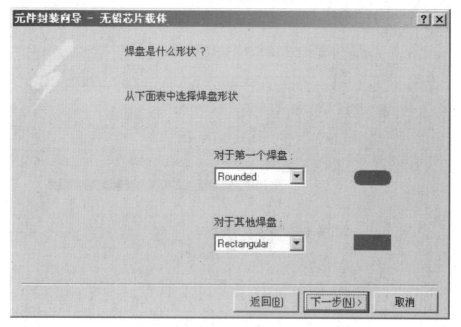

图 3.49　元件封装向导第 4 步

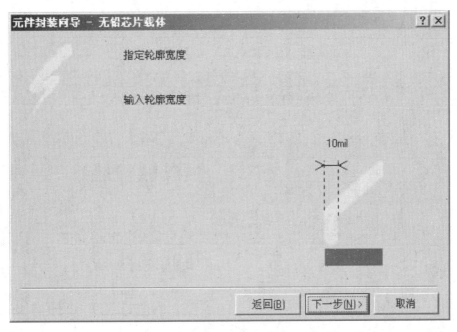

图 3.50　元件封装向导第 5 步

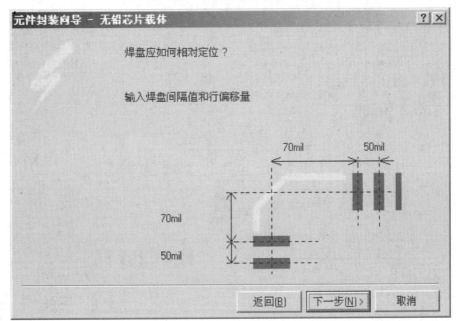

图 3.51　元件封装向导第 6 步

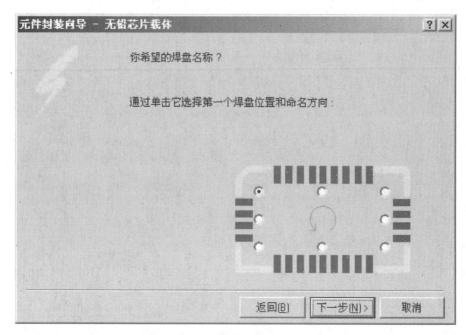

图 3.52　元件封装向导第 7 步

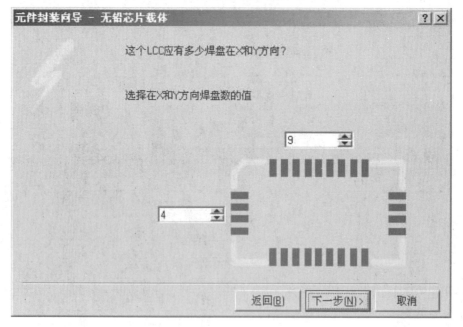

图 3.53　元件封装向导第 8 步

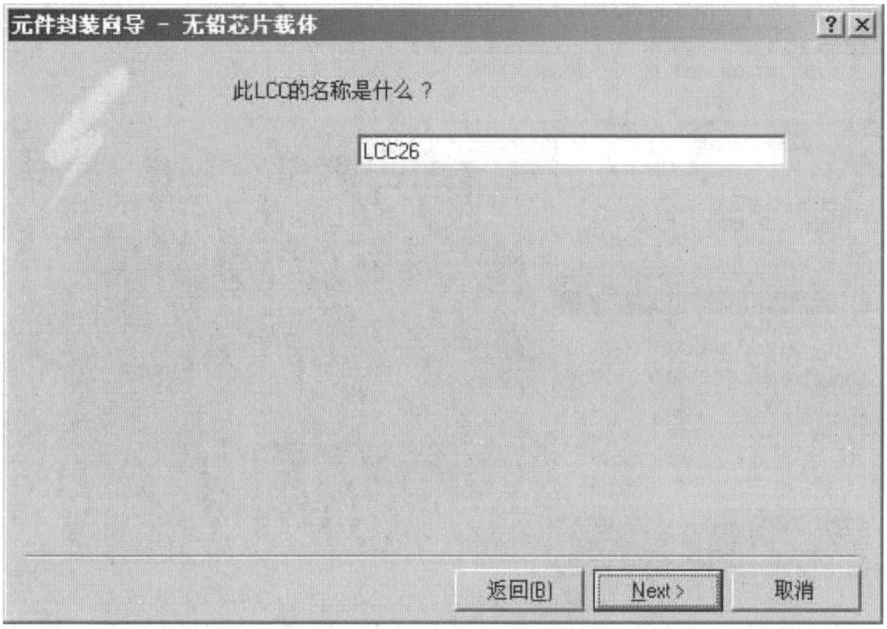

图 3.54　元件封装向导第 9 步

图 3.55　元件封装向导第 10 步

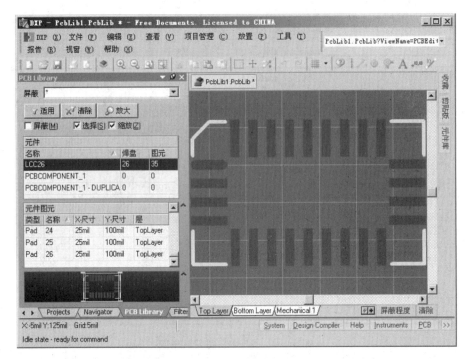

图 3.56　利用向导完成的 LCC 封装

2. 手工创建 LCC 元件封装

在菜单栏上单击"文件"→"创建"→"库"→"PCB 库",新建一个 PCB 库文件。

【眼界大开】

- 怎样快速找到坐标原点

  单击工具栏上的$+^{10,10}$,放置坐标,放好后双击它,修改它的 X,Y 坐标为(0,0)。以后只要找到它,就找到了坐标原点,元件封装做好了就把它删除掉。

在坐标原点放置轮廓和焊盘,轮廓在顶层丝印层,焊盘在顶层。

放置焊盘的过程如下:先单击"Top Layer",再单击工具栏上的放置焊盘按钮,按Tab 键设置属性,如图 3.57 所示。

孔径为 0,层都在 Top Layer,X-尺寸为 25 mil,Y-尺寸为 100 mil,第一个形状为 Round(圆角)其他为 Rectangle(矩形),标识符第一个为 1。放置好 26 个焊盘后,如图 3.58 所示。

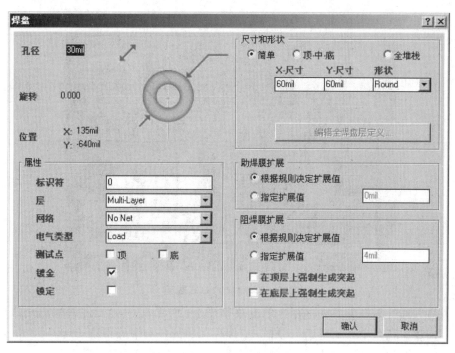

图 3.57　焊盘属性对话框

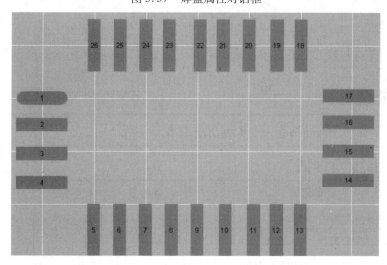

图 3.58　放置好 26 个焊盘后的界面

然后在 Top Overlay 放置直线作为轮廓。放置好后，如图 3.59 所示。

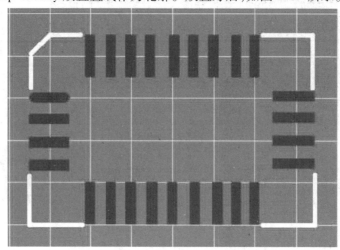

图 3.59 完成的 LCC 封装

最后为元件封装命名和保存。单击菜单栏上的"工具"→"元件属性"，可以输入名称和描述。在菜单栏上单击"文件"→"保存"，将元件封装库保存。

练一练

自己制作一下 LLC 元件封装。

【聚沙成塔】

● 重点要掌握利用向导制作一个 LLC 元件封装。

实战训练与评估

	实战训练	任务得分	综合得分	考核等级
训练项目	启动 PCB 库编辑器(10 分)			
	熟悉 PCB 库编辑器环境(20 分)			
	认识元件封装符号的组成(10 分)		80 分以上为优； 70 ~ 80 分为良； 60 ~ 70 分为及格； 60 分以下为不及格	
	用向导生成元件封装(10 分)			
	手工制作元件封装(20 分)			
	设置元件封装属性、保存元件封装(10 分)			
	学习态度(20 分)			

第4章

仿真电路设计与
仿真分析*

　　在第 4 章中我们将学习仿真电路设计与仿真分析的相关知识。

　　本单元安排了仿真电路设计与仿真分析这一个项目。

项目　仿真电路设计与仿真分析[*]

［知识目标］
认识仿真电路。
［技能目标］
1. 会分析设置。
2. 会阅读分析结果。

任务 1　仿真电路设计

一、工作任务

本任务中,主要完成仿真电路设计。

二、知识准备

1. 认识仿真电路

在传统的电路设计中,要检测一个电路模块的功能,需要在实验室用电子元件搭建电路,接上信号发生器、仪器仪表等来完成。现代的电路设计,则可以通过软件仿真来检测。在 Protel DXP 2004 中,很容易完成电路仿真,因为 Miscellaneous Devices. Intlib 库中自带了元件仿真时的仿真模型。

在菜单栏上单击"文件"→"打开项目",该项目文件在 D:\Program Files\Altium2004\Examples\Circuit Simulation\Filter\Filter. PRJPCB(视安装目录而定,有的安装在 C 盘,就将"D:"改为"C:")打开后如图 4.1 所示。

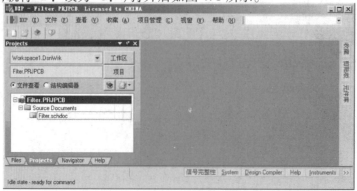

图 4.1　打开 Filter. PRJPCB 项目

在"Projects"(项目)面板中,双击"Filter. schdoc"就打开了 Filter 的仿真电路图,如图4.2 所示。

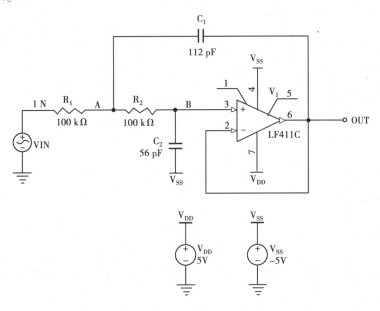

图4.2 Filter 的仿真电路图

图4.2 与一般原理图比较,多了 V_{DD}(5 V 的直流电压源)、V_{SS}(-5 V 的直流电压源)和 VIN 信号源(直流电压源在 D:\Program Files\Altium2004\Library\Simulation\Simulation Voltage Source. Intlib 库中,信号源在 D:\Program Files\Altium2004\Library\Simulation\Simulation Sources. Intlib 库中),每个元件必须有相应的仿真值。

2. 仿真电路设计

仿真电路设计的设计方法和电原理图的设计方法相同。

(1)单击菜单栏上的"文件"→"创建"→"项目"→"PCB 项目",即可新建一个 PCB 项目文件。然后,再单击菜单栏上的"文件"→"创建"→"原理图",此时会把新建的原理图文件自动放到 PCB 项目中。最后全部保存,单击菜单栏上的"文件"→"全部保存",这样便于对整个 PCB 项目进行编译。只有编译没有出错,才能正确地进行仿真。

(2)放置需要的元件。在图 4.2 所示 Filter 的仿真电路图中,用到的元件见表4.1。LF411C 在 D:\Program Files\Altium2004\Library\National Semiconductor\NSC Operational Amplifier. Intlib 库中。

表 4.1　Filter 的仿真电路图用到的元件列表

元件名称	标识符	库里的名字	仿真元件的类型	值
电容	C_1	CAP	CAP	112 pF
电容	C_2	CAP	CAP	56 pF
电阻	R_1	RES	RESISTOR	100 kΩ
电阻	R_2	RES	RESISTOR	100 kΩ
JFET	U_1	LF411CN	LF411CN	
电压源	V_{DD}	VSRC	VSRC	5 V
信号源	V_{IN}	VSIN	VSIN	
电压源	V_{SS}	VSRC	VSRC	−5 V

　　在每个元件的属性设置中,可以对仿真模型的类型、参数进行设置,如对 LF411CN 的仿真模型设置,如图 4.3 所示。

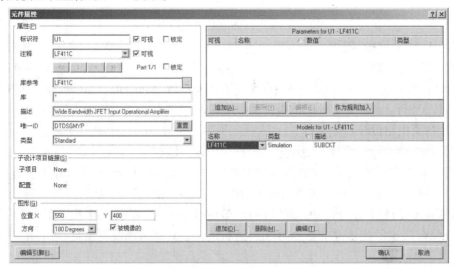

图 4.3　元件属性对话框

　　在元件属性对话框的右下边有"追加""删除""编辑"这三个按钮,要设定仿真模型的相关值,对名称为"LF411C"、类型为"Simulation"进行编辑,如图 4.4 所示。

　　在这里可以选择仿真模型的种类及子种类,还可以设置参数和对端口进行映射。端口的映射如图 4.5 所示。

　　在图 4.5 所示元件属性中对仿真的设置对话框的下面可以查看"网络表模板""网络表预览""模型文件"。

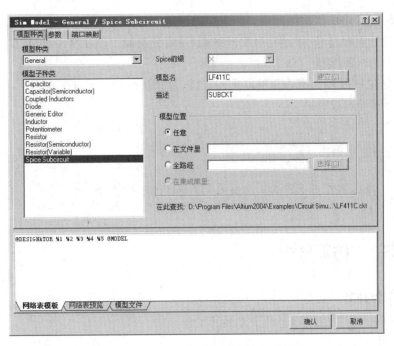

图4.4 元件属性中对仿真的设置对话框

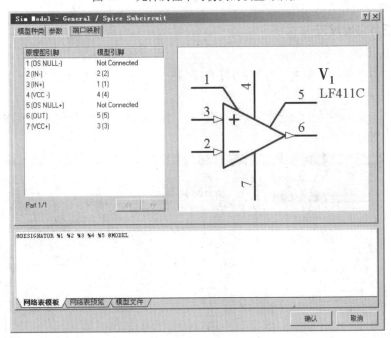

图4.5 LF411CN 端口的映射

（3）将元件用导线连接起来。

（4）放置电源符号、接地符号和网络标签，完成绘制。图 4.2 中的 A，B，IN 为网络标签；OUT 为电源端口。

（5）对在 PCB 项目文件里的原理图文件进行编译（Compile）检查。

（6）保存全部文件。

自己制作一下图 4.2 所示的 Filter 的仿真电路图。

任务2　仿真分析

一、工作任务

本任务中，主要完成以下两个方面的工作：

①分析设置。

②阅读分析结果。

二、任务完成过程

1. 分析设置

（1）单击菜单栏上的"文件"→"打开项目"，打开上一节保存的 Filter 的仿真电路的项目文件。

（2）单击菜单栏上的"设计"→"仿真"→"Mixed Sim"（混合仿真），弹出如图 4.6 所示的对话框。

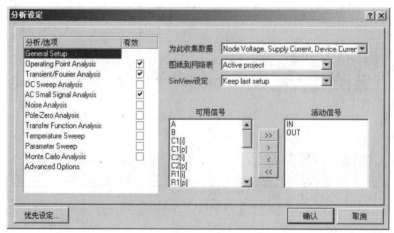

图 4.6　分析设定对话框

各个分析/选项的含义详见表4.2。

表4.2 仿真分析的分类

General Setup	一般设置
Operating Point Analysis	工作点分析
Transient/Fourier Analysis	瞬态/傅立叶分析
DC Sweep Analysis	直流扫描分析
AC Small Signal Analysis	交流小信号分析
Noise Analysis	噪声分析
Pole-Zero Analysis	零极点分析
Transfer Function Analysis	传递函数分析
Temperature Sweep	温度扫描
Parameter Sweep	参数扫描
Monte Carlo Analysis	蒙特卡罗分析
Advanced Options	高级选项

在一般设置（General Setup）中，"为此收集数据"有：

Node Voltages and Supply Currents，即节点电压及供电电流；

Node Voltages，Supply and Device Currents，即节点电压、供电电流和设备电流；

Node Voltages，Supply Currents，Device Currents and Powers，即节点电压、供电电流、设备电流和电源；

Node Voltages，Supply Currents and Device/Subcircuit VARs，即节点电压、供电电流和设备电流/子电路变量中的电流；

Active Signals，即活动信号；

选择"Node Voltages，Supply Currents，Device Currents and Powers"，为节点电压、供电电流、设备电流和电源收集数据，就会在分析结果中出现这些数据。

勾选"Operating Point Analysis"（工作点分析）、"Transient/Fourier Analysis"（瞬态/傅立叶分析）、"AC Small Signal Analysis"（交流小信号分析）。在"Transient/Fourier Analysis"（瞬态/傅立叶分析）中，各个参数可以设置为缺省值（如图4.7所示），单击"Set Defaults"按钮。

在"AC Small Signal Analysis"（交流小信号分析）中，各种参数可以照此设置，如图4.8所示。

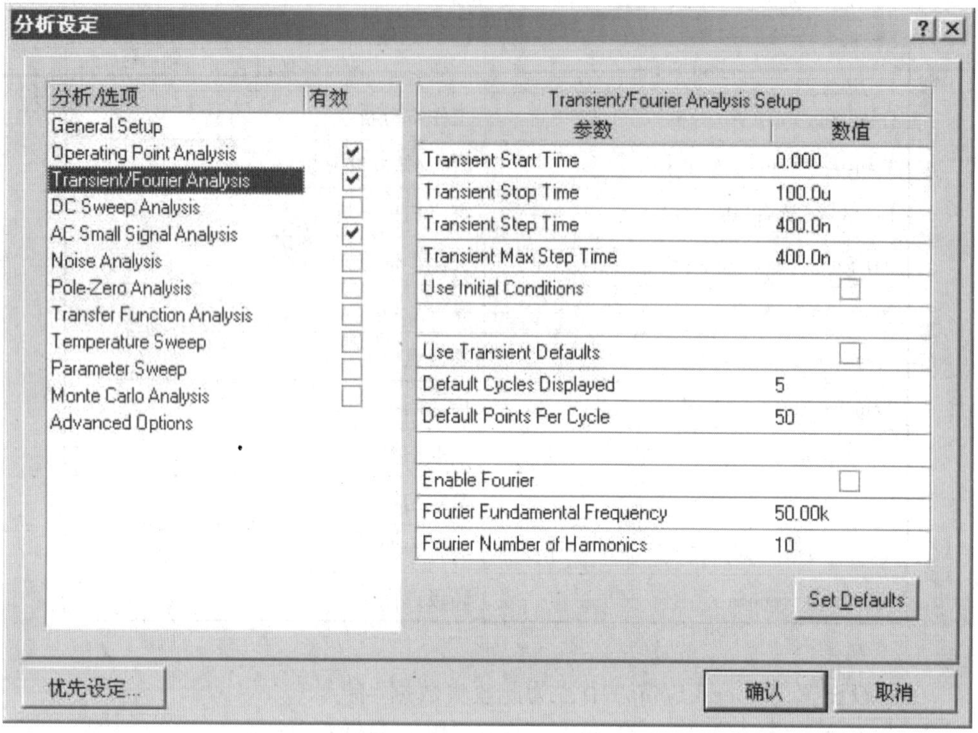

图 4.7 "Transient/Fourier Analysis"(瞬态/傅立叶分析)参数

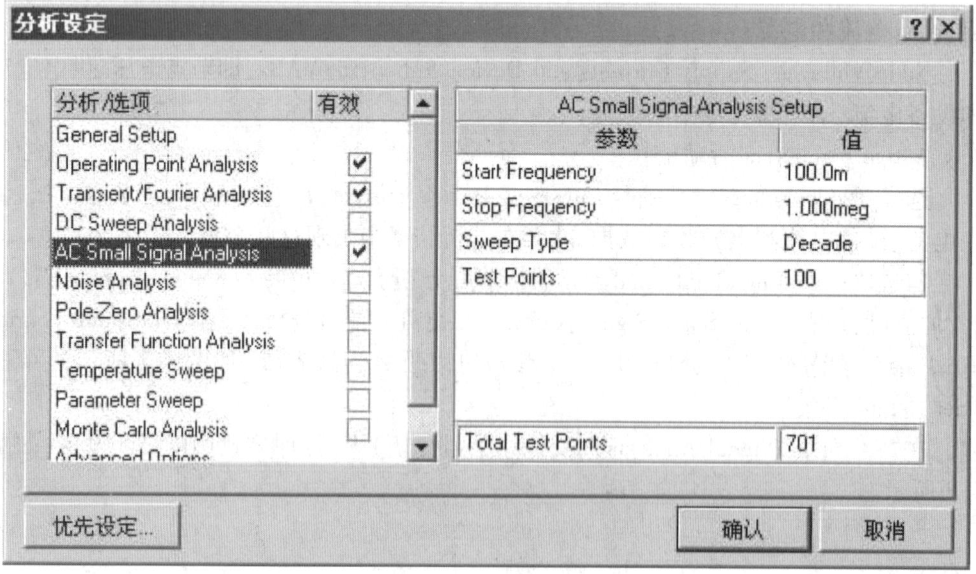

图 4.8 "AC Small Signal Analysis"(交流小信号分析)参数

设置好要分析的内容和参数后,就可以按"确认"按钮了,分析结果在"Filter. sdf"文件中。

2.阅读分析结果

在"Filter. sdf"文件中,有"Transient/Fourier Analysis"(瞬态/傅立叶分析),如图4.9所示;"AC Small Signal Analysis"(交流小信号分析),如图4.10所示;"Operating Point Analysis"(工作点分析),如图4.11所示。各个分析结果可以单击它的名字进行切换。

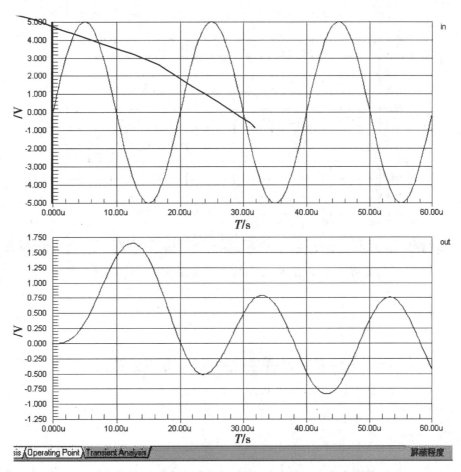

图4.9 "Transient/Fourier Analysis"(瞬态/傅立叶分析)分析结果

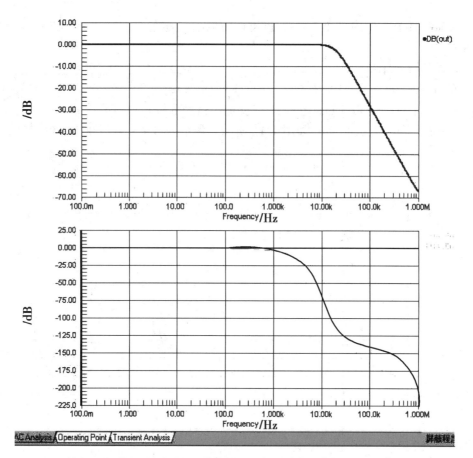

图 4.10 "AC Small Signal Analysis"(交流小信号分析)分析结果

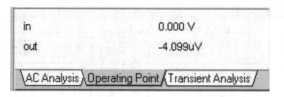

图 4.11 "Operating Point Analysis"(工作点分析)分析结果

练一练

生成本项目任务一所完成的仿真电路的"Transient/Fourier Analysis"(瞬态/傅立叶分析)、"AC Small Signal Analysis"(交流小信号分析)和"Operating Point Analysis"(工作点分析)的分析结果。

【聚沙成塔】

• 重点要掌握仿真电路设计。

实战训练与评估

实战训练		任务得分	综合得分	考核等级
训练项目	创建 PCB 项目和原理图文件(5 分)			
	放置一般元件和直流电压源、信号源(10 分)			
	设置各个仿真元件的属性值(10 分)		80 分以上为优； 70~80 分为良； 60~70 分为及格； 60 分以下为不及格	
	将元件用导线连接起来(5 分)			
	放置电源符号、接地符号和网络标签,完成绘制(10 分)			
	对在 PCB 项目文件里的原理图文件进行编译(Compile)检查(10 分)			
	保存全部文件(10 分)			
	仿真分析设定(10 分)			
	得到仿真分析结果(10 分)			
学习态度(20 分)				

附录

综合实训

上机实训一 典型 OTL 功放电路原理图设计

一、实训目的

1. 熟悉原理图编辑器。

2. 掌握原理图的实体放置与编辑。

3. 熟练完成典型 OTL 功放电路原理图设计。

二、实训内容

绘制典型 OTL 功放电路原理图如实训图 1 所示。

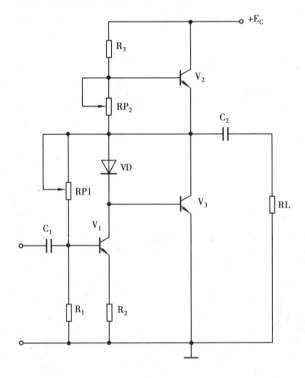

实训图 1 典型 OTL 功放电路原理图

三、实训步骤

1. 启动 Protel DXP 2004,新建文件"典型 OTL 功放电路. schDoc",进入原理图编辑界面。

2. 设置图纸。将图号设置为 A4 即可。

3. 放置元件。根据典型 OTL 功放电路的组成情况,在屏幕右方的元件管理器中取相应元件,并放置于屏幕编辑区。实训表 1 给出了该电路每个元件样本、元件标号、所在元件库数据。

实训表 1

元件样本	元件标号	所属元件库
Capacitor	C1—C5	Miscellaneous Devices. Intlib
RES2	R1—R3、RL	Miscellaneous Devices. Intlib
2N3904	V1—V3	Miscellaneous Devices. Intlib
Diode	VD	Miscellaneous Devices. Intlib
RPot	RP1—RP2	Miscellaneous Devices. Intlib

4.设置元件属性。在元件放置后,用鼠标双击相应元件出现元件属性菜单更改元件标号及名称(型号规格)。

5.调整元件位置,注意布局合理。

6.连线。根据电路原理,在元件引脚之间连线,注意连线平直。

7.放置节点。连线完成后,在需要的地方放置节点。一般情况下,“T”字连接处的节点是在连线时由系统自动放置的(相关设置应有效),而所有“十”字连接处的节点必须由手动放置。

8.放置输入输出点、电源、地,均使用电源端口工具菜单即可画出。

9.放置注释文字。

10.电路的修饰及整理。

11.保存文件。

四、注意事项

在画图过程中不要漏画接地线。

五、思考题

放置元件有哪几种方法?

上机实训二　两级阻容耦合三极管放大电路原理图设计

一、实训目的

1.熟悉原理图编辑器。

2.掌握原理图的实体放置与编辑。

3. 熟练完成两级阻容耦合三极管放大电路原理图设计。

二、实训内容

绘制两级阻容耦合三极管放大电路原理图,如实训图 2 所示。

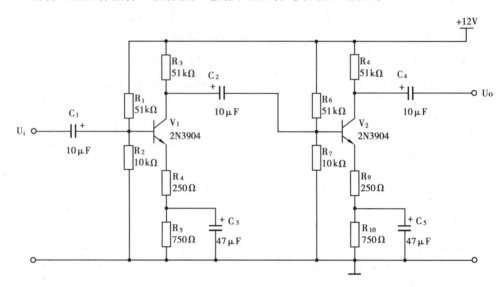

实训图 2   两级阻容耦合三极管放大电路原理图

三、实训步骤

1. 启动 Protel DXP 2004,新建文件"两级阻容耦合三极管放大电路. schDoc",进入原理图编辑界面。

2. 设置图纸。将图号设置为 A4 即可。

3. 放置元件。根据两级阻容耦合三极管放大电路的组成情况,在屏幕右方的元件管理器中取相应元件,并放置于屏幕编辑区。实训表 2 给出了该电路每个元件样本、元件标号、所属元件库数据。

实训表 2

元件样本	元件标号	所属元件库
Cap Pol2	C1—C5	Miscellaneous Devices. Intlib
RES2	R1—R10	Miscellaneous Devices. Intlib
2N3904	V1—V2	Miscellaneous Devices. Intlib

4. 设置元件属性。在元件放置后,用鼠标双击相应元件出现元件属性菜单更改元件标号及名称(型号规格)。

5. 调整元件位置,注意布局合理。

6. 连线。根据电路原理,在元件引脚之间连线,注意连线平直。

7. 放置节点。一般情况下,"T"字连接处的节点是在我们连线时由系统自动放置的(相关设置应有效),而所有"十"字连接处的节点必须手动放置。

8. 放置输入输出点、电源、地,均使用电源端口工具菜单即可画出。

9. 放置注释文字。放置图中的注释文字"+12 V"。

10. 输入 μ 和 Ω。可以在多行文本框里输入或在文本文件中输入,再复制、粘贴过来。

11. 电路的修饰及整理。在电路绘制基本完成以后,还需进行相关整理,使其更加规范整洁。

12. 保存文件。

四、注意事项

对于较复杂的电路而言,放置元件、调整位置及连线等步骤经常是反复交叉进行的,不一定有上述非常明确的步骤。

五、思考题

为什么放置元件前应先加载相应的元件库?

上机实训三　具有正负电压输出的
稳压电路原理图设计

一、实训目的

1. 熟悉原理图编辑器。

2. 熟练掌握原理图的实体放置与编辑。

3. 熟练完成具有正负电压输出的稳压电路原理图设计。

二、实训内容

绘制具有正负电压输出的稳压电路原理图,如实训图 3 所示。

三、实训步骤

1. 启动 Protel DXP 2004,新建文件"具有正负电压输出的稳压电路.schDoc",进入原理图编辑界面。

2. 设置图纸。将图号设置为 A4 即可。

3. 放置元件。根据具有正负电压输出的稳压电路的组成情况,在屏幕右方的元件管理器中取相应元件,并放置于屏幕编辑区。在元件放置后,对元件的标号及名称(型号规格)修改和设置。实训表 3 给出了该电路每个元件样本、元件标号、所在元件库数据。

4. 设置元件属性。根据原理图每个元件设置相关属性。

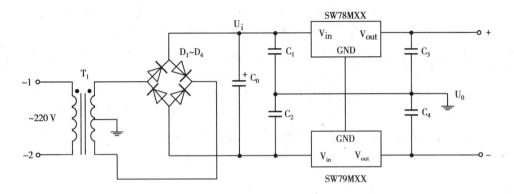

实训图3　具有正负电压输出的稳压电路原理图

5. 调整元件位置。

6. 连线。根据电路草图在元件引脚之间连线。

7. 放置节点。连线完成后,在需要的地方放置节点。一般情况下,"T"字连接处的节点是在我们连线时由系统自动放置的(相关设置应有效),而所有"十"字连接处的节点必需由我们手动放置。

实训表3

元件样本	元件标号	所属元件库
CAP	C1 ～ C4	Miscellaneous Devices. Intlib
Cap Pol1	C0	Miscellaneous Devices. Intlib
Bridge1	D1 ～ D4	Miscellaneous Devices. Intlib
Voltage Regulator	SW78MXX、SW79MXX	Miscellaneous Devices. Intlib
Trans CT	T1	Miscellaneous Devices. Intlib

8. 放置输入输出点。

9. 放置注释文字。

10. 电路的修饰及整理。在电路绘制基本完成以后,还需进行相关整理。

11. 保存文件。

四、思考题

元件引脚之间的连接有哪几种不同的方法?

上机实训四　集成运放开关稳压电路原理图设计

一、实训目的

1. 熟悉原理图编辑器。

2. 熟练掌握原理图的实体放置与编辑。

3. 熟练完成集成运放开关稳压电路原理图设计。

二、实训内容

绘制集成运放开关稳压电路原理图,如实训图4所示。

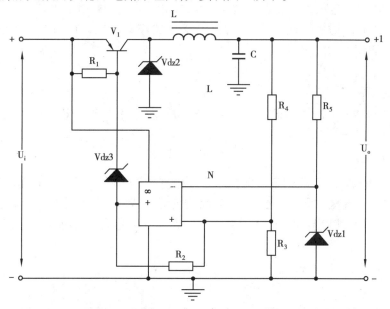

实训图4　集成运放开关稳压电路原理图

三、实训步骤

1. 启动 Protel DXP 2004,新建文件"集成运放开关稳压电路.schDoc",进入原理图编辑界面。

2. 设置图纸。将图号设置为 A4 即可。

3. 放置元件。根据双路直流稳压电源放大电路的组成情况,在屏幕右方的元件管理器中取相应元件,并放置于屏幕编辑区。在元件放置后,对元件的标号及名称(型号规格)修改和设置。实训表4给出了该电路每个元件样本、元件标号、所在元件库数据。

实训表4

元件样本	元件标号	所属元件库
Cap	C	Miscellaneous Devices. Intlib
Inductor Iron	L	Miscellaneous Devices. Intlib
	N	Schlib1. Schlib
Res2	R1—R5	Miscellaneous Devices. Intlib
D Zener	Vdz1—Vdz3	Miscellaneous Devices. Intlib
PNP	V1	Miscellaneous Devices. Intlib

4. 调整元件位置。

5. 连线。根据电路草图在元件引脚之间连线。

6. 放置节点。连线完成后，在需要的地方放置节点。一般情况下，"T"字连接处的节点是在我们连线时由系统自动放置的（相关设置应有效），而所有"十"字连接处的节点必需由我们手动放置。

7. 放置输入输出点。

8. 放置注释文字。

9. 电路的修饰及整理。在电路绘制基本完成以后，还需进行相关整理。

10. 保存文件。

四、注意事项

尽管 Protel DXP 2004 内置的元件库已经相当完整，但有时用户还是无法从这些元件库中找到自己想要的元件，比如某种很特殊的元件或新开发出来的元件。在这种情况下，就需要自行建立新的元件及元件库。制作元件和建立元件库是使用 Protel DXP 2004 的元件库编辑器来进行的。

上机实训五　555 时基电路组成的多谐震荡器原理图设计

一、实训目的

1. 熟悉原理图编辑器。

2. 熟练掌握原理图的实体放置与编辑。

3. 熟练 555 时基电路组成的多谐震荡器原理图设计。

二、实训内容

绘制 555 时基电路组成的多谐震荡器原理图,如实训图 5 所示。

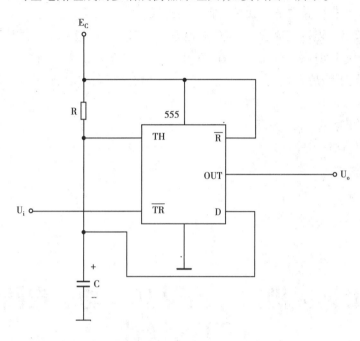

实训图 5　555 时基电路组成的多谐震荡器原理图

三、实训步骤

1. 启动 Protel DXP 2004,新建文件"555 时基电路组成的多谐震荡器. schDoc",进入原理图编辑界面。

2. 设置图纸。将图号设置为 A4 即可。

3. 放置元件。根据双路直流稳压电源放大电路的组成情况,在屏幕右方的元件管理器中取相应元件,并放置于屏幕编辑区。在元件放置后,对元件的标号及名称(型号规格)修改和设置。实训表 5 给出了该电路每个元件样本、元件标号、所在元件库数据。

实训表 5

元件样本	元件标号	所属元件库
555	555	Schlib1. Schlib
Cap	C	Miscellaneous Devices. Intlib
Res2	R	Miscellaneous Devices. Intlib

4. 设置元件属性。根据原理图每个元件设置相关属性。

5. 调整元件位置。

6. 连线。根据电路草图在元件引脚之间连线。

7. 放置节点。连线完成后，在需要的地方放置节点。一般情况下，"T"字连接处的节点是在我们连线时由系统自动放置的（相关设置应有效），而所有"十"字连接处的节点必需由我们手动放置。

8. 放置输入输出点。

9. 放置注释文字。

10. 电路的修饰及整理。

11. 保存文件。

四、思考题

怎样制作 555 元件？

上机实训六　典型 OTL 功放电路 PCB 图设计

一、实训目的

1. 学会元件封装的放置。

2. 熟练掌握 PCB 绘图工具。

二、实训内容

设计典型 OTL 功放电路 PCB 图，如实训图 6 所示。

三、实训步骤

1. 启动 Protel DXP 2004，新建文件"典型 OTL 功放电路.PCBDoc"，进入 PCB 图编辑界面。

2. 在图层 Keepout Layer 下规划电路板，长 90 mm 宽 50 mm。

3. 放置元件封装及其他一些实体，并设置元件属性、调整元件位置。实训表 6 给出了该电路所需元件的封装形式、标号及所属元件库数据。

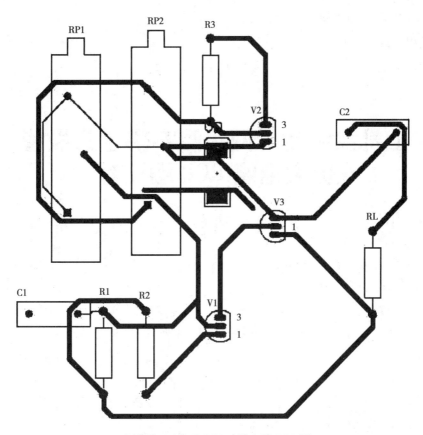

实训图 6　典型 OTL 功放电路 PCB 图

实训表 6

Description	Designator	Footprint	LibRef	Quantity
Capacitor	C1	RAD-0.3	Cap	1
Capacitor	C2	RAD-0.3	Cap	1
Semiconductor Resistor	R1	AXIAL-0.5	Res Semi	1
Semiconductor Resistor	R2	AXIAL-0.5	Res Semi	1
Semiconductor Resistor	R3	AXIAL-0.5	Res Semi	1
Semiconductor Resistor	RL	AXIAL-0.5	Res Semi	1
Potentiometer	RP1	VR3	RPot	1
Potentiometer	RP2	VR3	RPot	1
NPN General Purpose Amplifier	V1	BCY-W3/E4	2N3904	1
NPN General Purpose Amplifier	V2	BCY-W3/E4	2N3904	1
NPN General Purpose Amplifier	V3	BCY-W3/E4	2N3904	1
Default Diode	VD	DSO-C2/X3.3	Diode	1

4.按照电路原理图进行布线。

四、思考题

复制、剪切、粘帖如何操作？可否用于点取的实体？

上机实训七 两级阻容耦合三极管放大电路 PCB 图设计

一、实训目的

1.学会元件封装的放置。

2.熟练掌握 PCB 绘图工具。

3.熟悉手工布局、布线。

二、实训内容

设计两级阻容耦合三极管放大电路的 PCB 图，如实训图 7 所示。

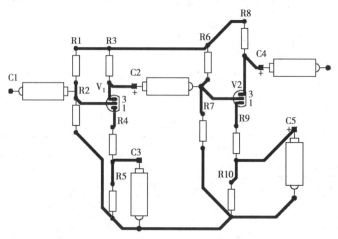

实训图 7　两级阻容耦合三极管放大电路的 PCB 图

三、实训步骤

1.启动 Protel DXP 2004，新建文件"两级阻容耦合三极管放大电路. PCBdoc"，进入 PCB 图编辑界面。

2.手动规划电路板尺寸。

3.装入制作 PCB 时比较常用的元件封装库，如 Miscellaneous Devices. Intlib 等。

4.放置元件封装及其他一些实体，并设置元件属性、调整元件位置。实训表 7 给出了该电路所需元件的封装形式、标号及所属元件库数据。

实训表7

Description	Designator	Footprint	LibRef	Quantity
Polarized Capacitor(Axial)	C1	POLAR0.8	Cap Pol2	1
Polarized Capacitor(Axial)	C2	POLAR0.8	Cap Pol2	1
Polarized Capacitor(Axial)	C3	POLAR0.8	Cap Pol2	1
Polarized Capacitor(Axial)	C4	POLAR0.8	Cap Pol2	1
Polarized Capacitor(Axial)	C5	POLAR0.8	Cap Pol2	1
Resistor	R1	AXIAL-0.4	Res2	1
Resistor	R2	AXIAL-0.4	Res2	1
Resistor	R3	AXIAL-0.4	Res2	1

上机实训八　具有正负电压输出的稳压电路 PCB 图设计

一、实训目的

1. 学会创建 PCB 项目文件。

2. 学会元件封装的放置。

3. 熟练掌握 PCB 绘图工具。

4. 熟悉手工布局、布线。

二、实训内容

设计具有正负电压输出的稳压电路 PCB 图,如实训图 8 所示。

三、实训步骤

1. 启动 Protel DXP 2004,创建项目文件"PCB_Project1. PrjPCB",再新建文件"具有正负电压输出的稳压电路. PCBdoc",进入 PCB 图编辑界面。

2. 设置 PCB 电路参数设置。

3. 规划电路板和电气定义。

4. 装入制作 PCB 时比较常用的元件封装库。

5. 放置元件封装及其他一些实体,并设置元件属性、调整元件位置。实训表 8 给出了该电路所需元件的封装形式、标号及所属元件库数据。

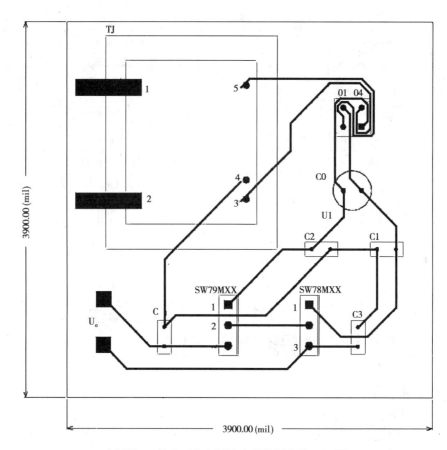

实训图 8 具有正负电压输出的稳压电路 PCB 图

实训表 8

Description	Designator	Footprint	LibRef
Polarized Capacitor(Radial)	C0	RB5-10.5	Cap Pol1
Capacitor	C1	RAD-0.2	Cap
Capacitor	C2	RAD-0.2	Cap
Capacitor	C3	RAD-0.2	Cap
Capacitor	C4	RAD-0.2	Cap
Full Wave Diode Bridge	D1 ~ D4	E-BIP-P4/D10	Bridge1
Voltage Regulator	SW78MXX	SFM-F3/Y2.3	Volt Reg
Voltage Regulator	SW79MXX	SFM-F3/Y2.3	Volt Reg
Center-Tapped Transformer (Coupled Inductor Model)	T1	TRF_5	Trans CT

6.按照电路原理图进行布线。

四、思考题

布线的特殊粘贴有几种方式？如何操作？

上机实训九　集成运放开关稳压电路 PCB 图设计

一、实训目的

1.学会元件封装的放置。

2.熟练掌握 PCB 绘图工具。

3.熟悉手工布局、布线。

二、实训内容

设计集成运放开关稳压电路 PCB 图,如实训图 9 所示。

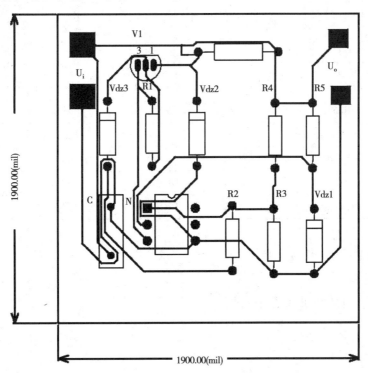

实训图 9　集成运放开关稳压电路 PCB 图

三、实训步骤

1. 启动 Protel DXP 2004,创建项目文件"PCB_Project1. PrjPCB",再新建文件集成运放开关稳压电路. schDoc,按照第二单元上机实训四集成运放开关稳压电路原理图设计完成设计。

2. 新建文件"集成运放开关稳压电路. PCBdoc",进入 PCB 图编辑界面。

3. 设置 PCB 电路参数设置。

4. 规划电路板和电气定义。

5. 单击菜单栏上的"设计",单击" Import Changes From PCB_Project1.PrjPCB "。

6. 设置元件属性、调整元件位置,实训表 9 给出了该电路所需元件的封装形式、标号及所属元件库数据。

实训表 9

Description	Designator	Footprint	LibRef	Quantity
Capacitor	C	RAD-0. 3	Cap	1
Magnetic-Core Inductor	L	AXIAL-0. 5	Inductor Iron	1
	N	DIP-6	123	1
Resistor	R1	AXIAL-0. 4	Res2	1
Resistor	R2	AXIAL-0. 4	Res2	1
Resistor	R3	AXIAL-0. 4	Res2	1
Resistor	R4	AXIAL-0. 4	Res2	1
Resistor	R5	AXIAL-0. 4	Res2	1
PNP Bipolar Transistor	V1	BCY-W3/E4	PNP	1
Zener Diode	Vdz1	DIODE-0. 4	D Zener	1
Zener Diode	Vdz2	DIODE-0. 4	D Zener	1
Zener Diode	Vdz3	DIODE-0. 4	D Zener	1

7. 按照电路原理图进行布线。

四、思考题

补泪滴在设计 PCB 时有什么作用?

上机实训十　555 时基电路组成的多谐震荡器 PCB 图的自动布局、自动布线

一、实训目的

1. 学会元件封装的放置。

2. 熟练掌握 PCB 绘图工具。

3. 熟悉自动布局、布线。

二、实训内容

对具有正负电压输出的稳压电路 PCB 图的自动布局、自动布线,555 时基电路组成的多谐震荡器自动布局、自动布线的 PCB 图如实训图 10 所示。

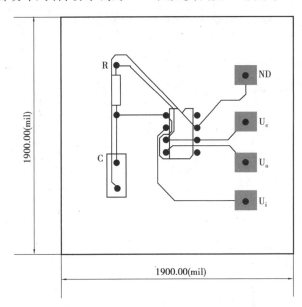

实训图 10　555 时基电路组成的多谐震荡器
自动布局、自动布线的 PCB 图

三、实训步骤

1. 启动 Protel DXP 2004,创建项目文件"PCB_Project1. PrjPCB",再打开"555 时基电路组成的多谐震荡器". SchDoc 文件(第二单元上机实训五 555 时基电路组成的多谐震荡器原理图设计),将它拖入项目文件"PCB_Project1. PrjPCB"中。

2. 定义元件的封装形式,在元件属性的 FootDrint 栏中填写。元件封装形式如实训表 10。

3. 新建"555 时基电路组成的多谐震荡器.PCBDoc"文件,进入 PCB 图编辑界面。

4. 设置 PCB 电路参数设置。

5. 规划电路板和电气定义。

6. 单击菜单栏上的"设计",单击" Import Changes From PCB_Project1.PrjPCB "。

7. 自动布局,在菜单栏上的"工具"中的"放置元件"点击"自动布局"命令。

实训表 10

Description	Designator	Footprint	LibRef	Quantity
	555	PCBComponent_1	1234	1
Capacitor	C	RAD-0.2	Cap	1
Resistor	R	AXIAL-0.4	Res2	1

8. 设置自动布线规则,在菜单"设计"中点击"规则"命令,根据电路的工作状况设置相应的选项。

9. 自动布线,在菜单"自动布线"中选择布线的方式。

10. 手工调整。

四、思考题

自动布局要作哪些准备工作?